校订本 丁

事物掌故丛谈

饮料食品

杨荫深 编著

上海辞书出版社

序

提起饮料食品，使人很容易想到『食谱』一类的书籍；但本书却不是那一类的谱录，专谈各种饮料食品的制法。本书专谈过去的掌故，与食谱一类的书籍，性质绝不相同，所以分类方面，亦有歧异。本书大抵以食物的总称而分，先以饮，后以食。饮则为茶为酒，为浆汁为乳酪；食则为饭为粥，为饼面为糕团；次则为调味之品的油盐酱醋豉糖蜜，又继以肉羹及珍羞与素食，最后则殿之以烟。或疑既有肉，何以无鱼？既有羹，何以无汤？是因鱼肉、羹汤，古不明分；亦以本书并非食谱，故不一一分列。本书所述，均述这些食物由来怎样，后来有何变迁。至于天地间可食的物，植物则有谷蔬瓜果，动物则有鸟兽鱼虫，本丛书皆另有专册，在那里所谈到的，这里就不详述了。读者有兴，可选阅那两册的。

专谈这一类食物的掌故，在现今还不曾有过。这一小册，只是著者本着前人载籍，研究而得。惟寒斋藏书不多，挂漏之处，定不在少，还请读者补正为幸！又为行文方便起见，有许多不便在正文中引录前人之说以为印证，凡此可为印证的文字，均在书末另作附录。使读者知道本书所述，皆语有来历，并非是著者个人向壁虚造的。

杨荫深　一九四五年二月五日自序于上海

目录 CONTENTS

一 茶

Tea

茶 茶最早产生大约是在蜀地，自秦人取蜀以后，茶乃移植于各地了。所以饮茶的事，也始于秦汉，在最早是没有的。

茶为现今日常饮料之最重要者。但最早茶字作荼，自中唐以后，始变作茶字。因为荼有三义，一是苦菜；一是茅秀；一方是如今的茶，最易混错，故唐人改荼为茶，以作专称。

茶还有许多别称，如唐陆羽《茶经》所说："其名一曰茶，二曰槚，三曰蔎，四曰茗，五曰荈。"槚字见于《尔雅》，蔎是蜀西南人称茶为蔎，茗是晚收的茶，或叫做荈，与茶是早收的有别。现在称茶只有茶茗两字，已不分为早收或晚收了。

茶最早产生大约是在蜀地，自秦人取蜀以后，茶乃移植于各地了。所以饮茶的事，也始于秦汉，在最早是没有的。如《周礼·天官·膳夫》"凡王饮六清"，据注谓水浆醴醇医酏而没有茶。水即水，浆是米汁，醴是淡酒，醇是凉汤，医是浊浆，酏是薄粥。

茶既各地均有，因此各地茶品，自有上下之分。据陆羽《茶经》，山南以峡州（今宜昌境内——编者注），淮南以光州（今河南潢川县——编者注），浙西以湖州，剑

茶

最早茶字作茶，自中唐以后，始变作茶字。因为茶有三义，一是苦菜，一是茅秀，一方是如今的茶，最易混错，故唐人改茶为茶，以作专称。

南以彭州，浙东以越州（今绍兴境内——编者注）所产为最上品，其他黔中岭南未详。至明顾元庆作《茶谱》，其品茶次第，亦大略相同。他说：

茶之产于天下多矣，若剑南有蒙顶石花，湖州有顾渚紫笋，峡州有碧涧明月，邛州有火井思安，渠江有薄片，巴东有真香，福州有柏岩，洪州有白露，常之阳羡，婺之举岩，丫山之阳坡，龙安之骑火，黔阳之都濡高株，泸川之纳溪梅岭。之数者，其名皆著，品第之则石花最上，紫笋次之，又次则碧涧明月之类是也。

然奇怪的是两书都没有提到浙江的龙井、福建的武夷、安徽的祁门、云南的普洱，如现在所认为的名茶，可知古今所产名茶常有变迁，未必是永久如此的。

大抵最早饮茶，是并不怎样讲究茶叶的，至唐陆羽著《茶经》，方才讲究起来了，后之谈茶的，也无不奉他所说为圭臬。《新唐书·隐逸传》说他"字鸿渐，一名疾，字季疵，复州竟陵人。上元初，隐苕溪，自称桑苎翁。久之，诏拜羽太子文学，徙太常寺太祝，不就职。贞元末卒。羽嗜茶，著经三篇，言茶之原之法之具尤备，天下益知饮茶矣。时鬻茶者，至陶羽形置炀突间，祀为茶神"。自他这样提倡以后，茶遂为人们所嗜好，成了一种风尚。

至于唐人所饮的茶，首重阳羡，宋人则重建州，明人则重罗岕，清人则重武夷龙井。阳羡即今江苏宜兴，与浙江长兴邻壤相接，其地实无名茶，只是当时所贡均用此茶而已。建州即今福建建瓯县，其地有北苑，产茶甚佳，故当时亦称北苑茶。但据宋沈括《梦溪笔谈》云：

建茶之美者，号北苑茶。今建州凤凰山，土人相传，谓之北苑，言江南尝置官领之，谓之北苑使。余因读《李后主文集》，有《北苑诗》及《文苑记》，知北苑乃江南禁苑，在金陵非建安也。江南北苑使，正如今之内园使。……李氏时有北苑使善制茶，人竞贵之，谓之北苑茶，如今茶器中有学士瓯之类，皆因人得名，非地名也。

北苑实非原来的地名。其茶又称龙凤团茶，宋熊蕃《宣和北苑贡茶录》所谓："太平兴国初，特置龙凤模遣使即北苑造团茶，以别庶饮。"其始造者为丁谓，每八饼重一斤。后至蔡襄又作小团茶，每二十饼重一斤。这种团茶，到后来就没有再造了。至于明时的罗岕，其实就是顾渚的紫笋，一名异称而已。到了清代，则有红绿茶之分，红茶以武夷的乌龙，绿茶以龙井的雨前为最负盛名了。

但茶的上下，不仅讲究茶叶一点，还须讲究煎茶用的水。这又是陆羽首创其法，他以为："山水上，江水中，井水下。"又判各地的水，以楚水为第一，晋水为最下，共分为二十水，见载于唐张又新《煎茶水记》，其次序如下：

庐山康王谷水帘水第一，无锡县惠山寺石泉水第二，蕲州兰溪石下水第三，峡州扇子山下有石突然，泄水独清冷，状如龟形，俗云蛤蟆口水第四，苏州虎丘寺石泉水第五，庐山招贤寺下方桥潭水第六，扬子江南零水第七，洪州西山西东瀑布水第八，唐州柏岩县淮水源第九，庐州龙池山岭水第十，丹阳县观音寺水第十一，扬州大明寺水第十二，汉江金州上游中零水第十三，归州玉虚洞下香溪水第十四，商州武关西洛水第十五，吴淞江水第十六，天台山西南峰千丈瀑布水第十七，郴州圆泉水第十八，桐庐严陵滩水第十九，雪水第二十。

有叶有水以外，还须讲究煮法。陆羽《茶经》里也有说及："其火用炭，次用劲薪。"又云："其沸如鱼目微有声为一沸，缘边如涌泉连珠为二沸，腾波鼓浪为三沸，以上水老，不可食也。"是煮时只可三沸，不可再多，否则便老不可饮。这样的茶，一升可分五碗，当然以第一第二碗最佳。而所盛的碗，也要讲究，据说碗以"越州上，鼎州次，婺州次，岳州次，寿州、洪州次。越州瓷青，青则益茶，茶作白红之色。寿州瓷黄，茶色紫，洪州瓷褐，茶色黑，悉不宜茶"。但现在人最爱用景德瓷，景德距洪州实不远，其瓷自宋后名闻全世，那又非陆氏所能预知的了。

饮茶的方法，要讲究到这样，现在还有人在做，尤其是文士们，认为一件雅事的。但就一般的人看来，只要茶叶取其上选，水煮碗三者并不这样讲究了，因为想讲究有许多还是办不到的，譬如定要什么就难办到。此外有许多人已不喜饮茶，而改饮咖啡（Coffee），据说茶实不及咖啡来得够味。咖啡本产于热带地，炒其子

壶中别有天

为粉末，调汤而饮，究竟何时传入我国，前人均无记载，不得而知，但大约总在清中叶以后罢！

再陆羽所说的茶碗，当时只有碗而已，没有衬托。后至唐德宗建中时，蜀地始于碗杯以外，又加以茶托。这到现在还复如此，倒是值得提一提的。唐李匡义《资暇集》云：

始建中蜀相崔宁之女，以茶杯无衬，病其熨指，取碟子承之。既啜而杯倾，乃以蜡环碟子之央，其杯遂定，即命匠以漆环代蜡，进于蜀相。蜀相奇之，为制名而话于宾亲，人人为便，用于代。是后传者更环其底，愈新其制，以至百状焉。

又唐人煎茶，有用姜用盐的，至宋始不用此二物，《东坡志林》所谓：“唐人煎茶，用姜用盐，近世有用此二物者，辄大笑之。”

此外现在饮茶，除自饮外，客来也必请以茶，认为一种敬礼。此风宋时已有，如朱彧《萍州可谈》云：

> 茶见于唐时，味苦而转甘，晚采者为茗。今世俗，客至则啜茶，去则啜汤。汤取药材甘香者屑之，或温或凉，未有不用甘草者。此俗遍天下。先公使辽，辽人相见，其俗先点汤后点茶，至饮会亦先水饮，然后品味，但欲与中国相反，本无义理。

啜汤之风现在已无。至如辽人先汤后茶，则颇似现在之吃西菜，其顺序确是如此的。客来无茶，因此也有闹成笑话的，如明人《驹阴冗记》所云：

> 莆田愧斋陈公音，性宽坦，在翰林时，夫人尝试之。会客至，公呼茶，夫人曰：『未煮。』公曰：『也罢。』又呼干茶，夫人曰：『未买。』公曰：『也罢。』客为捧腹，时因号陈也罢。

这固然是陈夫人故意的尝试，也足见自宋以后，客来非敬茶不可的。

饮茶只饮茶汁，自古以来，决没有将茶叶也吃进去的，惟现今江西萍乡人饮茶，却正如此。胡朴安《中华全国风俗志》云：

萍人饮茶，与他地不同。其敬客皆进以新泡之茶，饮毕，复并茶叶嚼食。苦力人食茶更甚，用大碗泡茶，每次用茶叶半两，饮时并叶吞食下咽。此种饮茶习惯，恐他地未之有也。

至于一饮半两，则古时也有此豪饮的。如托名晋陶潜《搜神后记》云："桓宣武时，有一督将，因时行病后虚热，更能饮复茗，必一斛二斗乃饱，才减升合，便以为不足。"又如后魏杨衒之《洛阳伽蓝记》云："王肃渴饮茗汁，一饮一斗，是为漏卮。"此虽古今量制不同，但也足见其饮量之宏。至如《旧唐书·宣宗纪》所云：

大中三年，东都进一僧，年一百三十岁，宣宗问服何药而致，僧对曰：『臣少也贱，素不知药，性惟嗜茶，凡履处惟茶是求，或饮百碗不以为厌。』因赐名茶五十斤，命居保寿寺，名饮茶所曰茶寮。

一饮百碗，如以一升五碗计之，那也有二斗了，其量殊足惊人的。

最后，我们还要说一说“茶博士”的故事，现在称卖茶的为茶博士，实则唐时是鄙称陆羽的。唐封演《封氏闻见记》云：

御史大夫李季卿宣慰江南，至临怀县馆，或言伯熊善茶者，李公请为之。伯熊着黄被衫、乌纱帽，手执茶器，口通茶名，区分指点，左右刮目。茶熟，李公为啜两杯而止。既到江外，……又言鸿渐能茶者，李公复请为之。鸿渐身衣野服，随茶具而入。既坐，教摊如伯熊故事。李公心鄙之，茶毕，命奴子取钱三十文酬煎茶博士。

二 酒

Wine

酒是用米曲酿成的一种饮料，所以其字合水酉而成，酉是成就的意思。后人以氵为三，称为三酉，这完全是析字的说法，并无意义可说。惟唐白居易以诗酒琴为三友，后人遂酒为三友，那倒也可通的。

酒是谁人所造，有的说仪狄，有的说杜康，这都是后人传说而已，皆不足置信。不过酒的渊源一定很古，因为它凡是谷类，都可酿造，也许有谷就有酒了。

酒的名目很多，《周礼》就有五齐三酒之说，但后来早没有这种的说法，我们也不必去说了。倒是《饮膳标题》分析几种酒的字面，给我们不少的常识，兹引录在下面：

酒一也，而清浊厚薄甜苦红绿白之别，故清者曰醥，清甜者曰酏，浊者曰醠，亦曰醪，浊而微清者曰醆，厚者曰醇，亦曰醹，重酿者曰醁，三重酿曰酎，薄者曰醨，甜而一宿熟者曰醴，美者曰醑，苦者曰醋，红者曰醍，绿者曰醽，白者曰醝。

酒

酒是谁人所造，有的说仪狄，有的说杜康，这都是后人传说而已，皆不足置信。不过酒的渊源一定很古，因为它凡是谷类，都可酿造，也许有谷就有酒了。

此外酒的名称，自古至今，更是多得不可悉数。宋张能臣《酒名记》著录就有百余种之多，但大多各自起名，没有什么意义。倒是明冯时化《酒史》所载几种地方名酒，可以知道我国各地产酒的大概，兹照录如下：

西京金浆醪　金华府金华酒　处州金盘露　关中桑落酒　郫县郫筒酒　建章麻姑酒　宜城九酝酒　江北擂酒　安城宜春酒　苍梧寄生酒　凤州清白酒　兰溪河清酒　北胡消肠酒

杭城秋露白　高邮五加皮酒　广南香蛇酒　平阳襄陵酒　淮安苦蒿酒　荥阳土窟春　杭州梨花酒　灞陵崔家酒　潞州珍珠红　淮南绿豆酒　扶南石榴酒　西域葡萄酒　南蛮槟榔酒

相州碎玉酒　长安新丰市酒　黄州茅柴酒　山西蒲州酒　云安曲米酒　富平石冻春　博罗县桂醑　汾州乾和酒　闽中霹雳春　华氏荡口酒　辰溪钩藤酒　乌孙青田酒

蓟州薏苡仁酒　汀州谢家红　燕京内法酒　山西太原酒　成都刺麻酒　池州池阳酒　剑南烧春　山西羊羔酒　岭南琼琯酬　顾氏三白酒　梁州诸蔗酒　西竺椰子酒

但奇怪的竟没有绍兴的花雕酒，岂明时此酒犹未著名于世吗？但绍兴花雕酒本名女儿酒，晋嵇含《南方草木状》中已有女酒这个名目，其说云：

南人有女，数岁即大酿酒，既漉，候冬陂池竭时，置酒罂中，密固其上，瘗陂中，至春潴水满，亦不复发矣。女将嫁，乃发陂取酒，以供贺客，谓之女酒，其味绝美。

是绍酒在晋时早已有了的。又梁元帝《金楼子》有："银瓯贮山阴甜酒，时复进之。"是在六朝绍酒也非无名的，《酒史》所录或者有遗漏罢！至于清代，绍酒已很著名了，如梁绍壬《两般秋雨庵随笔》所说：

好酒不得不推山西之汾酒、潞酒，然禀性刚烈，弱者恧焉，故南人勿尚也，于是不得不推绍兴之女儿酒。女儿酒者，乡人于女子初生之年，便酿此酒，迨出嫁时始开用之。此各家秘藏，并不售人。其花坛大酒，悉是赝本。

此说正与嵇氏所记者同。绍酒之别称花雕，即其坛上有花雕绘之故，但正如梁氏所说，未必花坛皆是好酒，有许多是膺本的。

此外泗阳白洋河镇和牛庄所出的高粱酒，现在也都很出名的，而《酒史》均未提及。这种酒现在也叫烧酒，据明李时珍《本草纲目》云，并非古法，自元时方才有的。但用高粱制酒，古时实早有之。后魏贾思勰《齐民要术》，就有粱米酒法，云："酒色漂漂，与银光一体。姜辛桂辣，蜜甜胆苦，悉在其中。"正与现在的高粱酒同。

在酒里放入药料，便成为药酒，这在《齐民要术》中也有浸药酒法，云："浸五加木皮及一切药，皆有益神效。"到了后世，药酒名目殊夥，如《本草纲目》所载，就有六十六种之多。兹择其熟闻的，摘录数种如下：

屠苏酒，陈延之《小品方》云：『此华佗方也，元旦饮之，辟疫疠一切不正之气。』造法，用赤术桂心七钱五分，防风一两，菝葜五钱，蜀椒桔梗大黄五钱七分，乌头二钱五分，赤小豆十四枚，以三角绛囊盛之，除夜悬井底，元旦取出置酒中煎数沸，举家东向，从少至长次第饮之，药滓还投井中。岁饮此水，一世无病。

按：此未免涉于迷信。屠苏二字，据明郎瑛《七修类稿》云："本古庵名也，当从广字头，故魏张揖作《广雅》，释庵以此廜䕭二字，今以为孙思邈之庵名。误矣。孙公特书此二字于己庵，未必是此屠苏二字。解之者又因思邈庵出辟疫之药，遂曰屠绝鬼气，苏醒人魂，尤可笑也。"

五加皮酒，去一切风湿痿痹，壮筋骨，填精髓。用五加皮洗刮去骨，煎汁和曲米酿成饮之；或切碎袋盛浸酒煮饮。

人参酒，补中益气，通治诸虚。用人参末同曲米酿酒，或袋盛浸酒煮饮。

花蛇酒，治诸风顽痹瘫缓挛急，疼痛恶疮疥癞。用白花蛇一条袋盛，同曲置于缸底，糯饭盖之，三七日取酒饮。

虎骨酒，治臂胫疼痛，历节风，肾虚，膀胱寒痛。虎胫骨一具，炙黄槌碎，同曲米如常酿酒饮，亦可浸酒。

鹿茸酒，治阳虚痿弱，小便频数，劳损诸虚。用鹿茸山药浸酒。

至于葡萄酒则传自西域,《后汉书》已说西域:“栗弋国出众果,其土水美,故葡萄酒特有名焉。”至唐时始有仿造之的。麦酒(即啤酒 Beer)《新唐书·西域传》中也曾提及,云:“党项取麦他国以酿酒。”不过其法似未传入于我国,所以直到近年方才盛行的。

酒的名目大略就是如此,不再多说。不过酒还有几个别称,却须在这里补说一下。汉焦延寿《易林》有“酒为欢伯,除忧来乐”之说,因此后人有称酒为欢伯。《汉书·食货志》有“酒者天之美禄”,遂又称为天禄。晋陶渊明诗有“且进杯中物”,因称为杯中物。宋刘义庆《世说新语》,又有青州从事平原督邮之说。宋苏轼《东坡志林》说“僧谓酒为般若汤”,又他自己说“此红友也”。到了现在又有白干黄汤之称,白指白酒,黄指黄酒。

自来饮酒局面之伟大的,大约要算《史记》所说“纣为酒池肉林”,“一鼓而牛饮者三千人”了。饮酒饮得最怪相的,恐怕是宋时的石延年(曼卿)罢!据宋人

《文昌杂录》云：

石曼卿善豪饮，与布衣刘潜为友。尝通判海州，刘潜来访之，曼卿与剧饮。中夜酒欲竭，顾船中有醋斗余，乃倾入酒中并饮之，至明日酒醋俱尽。每与客痛饮，露发跣足，著械而坐，谓之『囚饮』。饮于木杪，谓之『巢饮』。饮以藁束之，引首出饮复就束，谓之『鳖饮』。其狂纵大率如此。

这种囚饮、巢饮、鳖饮，真是亏他想得出来的。差堪与之比拟的，则为元末的杨维桢，最爱饮妓女鞋杯酒的。元陶宗仪《南村辍耕录》云：

杨铁崖耽好声色，每于筵间，见歌儿舞女有缠足纤小者，则脱其鞋载盏以行酒，谓之『金莲杯』。

但这不免如倪瓒所说，有使人"龌龊"之感，倒不如石氏来得自得其乐纯洁一些罢。

古来饮酒有宏量的，代不乏人，据说殷纣与齐景公均能饮七日七夜不止，赵襄子能饮五日五夜。后汉卢植、三国满宠、晋周𫖮均能饮至一石。但古时的石，与今制不同，未必真是一石的。唐宋都说宏量者二三斗不乱，二三斗实可抵汉魏的一石。但如五代孙光宪《北梦琐言》所说："梁太祖初兼四镇，先主遣押衙潘峭持聘，峭饮酒一石不乱。"此时云一石不乱，那真是可观了，但或许是孙氏用古成语，亦未可知。又如明郎瑛《七修类稿》所载：

宁波祭酒陈公敬宗，极善饮酒，一日召宴，使内侍铸铜人如公躯干，虽指爪中皆空虚者，如其饮注铜人中。内侍报曰：『铜人已满。』遂使归。随令内侍随其后以视，至家散堂，复与内侍饮焉。又优武人，蓝州人也，孝宗朝输粟入京师，西陵侯名称善饮，人有言武人可以为敌，遂召与饮。时初冬，新醅方熟，共有二缸，对饮一缸尽，西陵不复知人事矣，武人畅怀自酌，至晓复罄一缸。

像这两人，真是宏量非浅了。到了清代，群推顾嗣立为第一。阮葵生《茶饮客话》云：

江右酒人，推顾侠君嗣立第一，居秀野园结社。家有酒器三，大者容三十觔，其两递杀。凡入社者，各先尽三器，然后入座，因署其门曰：『酒客过门，延入与三雅，诘朝相见决雌雄，匪是者毋相溷。』酒徒望见，慑伏而去。亦有鼓勇者，三雅之后无能为矣。在京师日，聚一时酒人，分曹较量，亦无敌手。

是其量当亦在斗外，故时有"酒帝"之称。

古人于饮酒之际，往往赋诗以助余兴，这实为后世酒令的滥觞。今酒令中有歌诗令，即其一端。

此外古人于饮酒之际，往往赋诗以助余兴，这实为后世酒令的滥觞。今酒令中有歌诗令，即其一端。其不用歌诗而行令的，则实始于魏文侯，汉刘向《说苑》云：

魏文侯与大夫饮酒，使公乘不仁为觞政，曰：『饮不釂者浮以大白。』文侯饮而不尽釂，公乘不仁举白浮君，君视而不应。侍者曰：『不仁退，君已醉矣。』公乘不仁曰：『《周书》曰，前车覆，后车戒，盖言其危。为人臣者不易，为君亦不易。今君已设令，令不行可乎？』君曰：『善。』举白而饮，饮毕曰：『以公乘不仁为上客。』

宋窦苹《酒谱》以为："其酒令之渐欤？"的确在他以前是没有这种令事的，只是赋诗而已。自此以后，酒令名目日多，不胜枚举了。而最通行者则为拇战，俗称搳拳，以手指之数分胜负。按：《新五代史》有："史宏肇与苏逢吉饮酒，酒令作手势。"这或者就是现在拇战所由来了。

酒除了作饮料以外，还可作渍物之用。如唐段成式《酉阳杂俎》中有“醒酒鲭”，即用酒渍青鱼的。至宋吴自牧《梦粱录》中所载酒渍食品更多，如酒蟹、酒江瑶、酒香螺、酒蛎、酒蟮龟脚、酒蚶子、酒鳊（蛙属）等等。有许多到现在还有的，惟酒蛎肉则似未曾有过。

酒所榨余的糟，也可以渍物。《梦粱录》有糟羊蹄、糟蟹、糟鹅事件、糟脆筋等等。吴氏《中馈录》中有糟茄子、糟萝卜、糟姜诸方。是糟不但糟肉食，且可糟素食的。至明顾元庆《云林遗事》中且载元末倪瓒（云林）家有糟馒头法，云：“先铺糟在大盘内，用布摊上，稀排馒头，布上再以布覆之，用糟厚盖布上。糟一宿取出，香油炸之。冬日可留半月，冷则旋火炙之。”倒是别开风味的。

三 浆汁

Juice

日常饮料之中,现在除茶酒外,浆汁也是其中之一,不过比茶酒为次而已。茶是较为晚起,酒与浆则自古就有的。如《礼记·曲礼》,饮料即有酒浆两种。据疏云:“酒浆处羹之右,卑客则或酒或浆,尊客则左酒右浆。”意思是说,卑客则酒浆并用,尊客则或酒或浆。现在酒筵上也有用酒用汽水的,能饮酒者饮酒,不能饮酒的便饮汽水,这汽水也正是浆汁之类。

但古人所谓的浆,究竟是什么东西做成的呢?《说文》里有两种解释,一是酢浆,一是水米汁相将,所以叫浆。按:酢即醋,是浆为有酸味的液汁。水米汁当不酸。大约浆总比酒为淡,所以古以与酒并称。又浆殊不限于酸味,所以米汁可以为浆,而汉时《郊祀歌》有“泰尊柘浆析朝酲”,注云:“取甘柘汁以为饮,言柘浆可以解朝酲也。”则甘柘(或云即今甘蔗)也可为浆。又如晋王嘉《拾遗记》有“频斯国人饮桂浆”,是桂也可以为浆的。可知浆的范围很广,不一定是酸液或米汁,其余只要捣为液汁,都可以称浆。至如《汉武故事》所说

“西王母曰，太上药有玉津金浆，连珠云浆”，那只是说说罢了，未必真有此浆的。

还有古时有卖浆为专业的，如《史记·信陵君列传》有“薛公藏于卖浆家”，也可见当时饮浆的普遍。又《孟子》“箪食壶浆”，食就是饭，也足见当时浆的重要，与饭并列。

到了现在，称浆的要以豆浆为最普遍。古时是否也饮，无从稽考，惟豆浆相传为汉淮南王刘安所创制，则豆浆在古时亦未始没有人饮过的。

豆浆现在大都用黄豆制造，但据《本草纲目》所载，豆浆“凡黑豆黄豆及白豆泥豆豌豆绿豆之类皆可为之”，是豆浆也有许多种了。

其次要说汁，那在现今可说多极了，有牲畜的汁，如牛肉汁、鸡汁等等，有果子的汁，如葡萄汁、柠檬汁、香蕉汁、橘子汁等等。这种果汁古时也称为酪，如后魏贾思勰《齐民要术》里有杏酪粥，杏酪就是“取杏仁以汤脱去黄皮熟研，以水和之，绢滤取汁”的。现在也称为露，在市上往往称果子汁为果子露。按：宋陆游《老学庵笔记》，有“寿皇时禁中供御酒，名蔷薇露”。是古时也有以酒称露的。酒与浆本同为饮品，所以称露实在也很妥当的。

又现在西菜里有称为沙司（Sauce）的，其实也是一种汁，用以配别种菜肴而吃的。这种汁名很多，如配肉有番茄汁，配鱼有蛎黄汁，配鸡有咖喱汁，配牛排有菌汁等。不过这种的汁，只作调味，不作饮料用的。

此外现在还有一种冷饮品，专供夏天用的。按：《周礼·天官·膳夫》“凡王饮六清”，据注谓水、浆、醴、醇、医、酏。醇亦作凉，郑玄以为：“凉今寒粥，若糗饭杂水也。”郑司农则谓：“以水和酒也。”大约都是设想之辞，故注释各不相同。我颇疑此凉如现今的冷饮，因为六饮之中，浆是米汁，醴是淡酒，医是浊浆，酏是薄粥，则凉不应再作米汁淡酒薄粥解的，否则性质相同，何必又独立为一种。所以以醇为凉而作冷饮解释，最为妥当。

冷饮在现在有许多名目，而与冰最有关系。冰在古时就有储藏以备夏用的，如《诗经·七月》："二之日凿冰冲冲，三之日纳于凌阴。"因周以十一月为正月，二之日虽指二月，实即夏历的十二月，而三之日为夏历的正月。凌阴即冰室。十二月大寒凿冰，至正月藏之于室。而饮冰的事，载籍上也屡见不鲜，这实在也可说是浆汁的一种。

此外现在还有一种凉粉，系取草熬汁，以布澄滤渣滓，和水候冷，即能凝结而成薄块。吴中有用荸荠汁的，称为荸荠膏；浙东有用石花菜的，称为冰石花；也有用洋菜制的。都是先熬为汁，而后凝成，所以也是浆汁的一种，不过加以改造而已。按：宋孟元老《东京梦华录》已有凉粉这个名目，可见宋时已经有了的，特未详其制法，不知与现在相同否？

四 乳酪

Cheese

乳汁现在也称做奶，如牛奶、羊奶、马奶，古则称之为酪。酪是泽的意思，因为这种乳汁，饮了可以使人肥泽的。

以牲畜的乳汁为酪，中国向来是没有的。中国古时所称的酪，如《礼记·礼运》所谓“以烹以炙，以为醴酪”的酪，实在是一种酒类，不是什么乳汁。还有一种像后魏贾思勰《齐民要术》所说的煮杏酪粥法的杏酪，这酪也不是乳汁，是“取杏仁以汤脱去黄皮熟研，以水和之，绢滤取汁”的一种浆汁，所以实与上述浆汁同样。大约中国称酪是酒类，故字也从酉旁，后则以果汁也称为酪，又以北方外族以牛羊乳为饮品，也如国人饮酒浆一样，所以也并称之为酪，再后则反以浆汁为浆汁，以牲畜的乳汁专称为酪了。

酪在汉时大约还不是国人所喜饮，所以西汉公主初至乌孙，有“以肉为食兮酪为浆”之歌，颇有些不习惯之意的。但至魏晋时已为士人所喜饮了，如宋刘义庆《世说新语》(《北堂书钞》引)云：

杨德祖为主簿侍坐，人有饷酪者，魏武噉少许，乃题上作一『合』字，致坐中人并解。修即噉之，云：『公令一人一口，复何疑？』

杨德祖即杨修，魏武即曹操，是此时大家都能饮酪的。又如《晋书·陆机传》云：

机诣侍中王济，济指羊酪谓机曰：『卿吴中何以敌此？』答云：『千里莼羹，未下盐豉。』时人称为名对。

是王济以羊酪为美品了，故问陆机。但以其颇带腥气，不爱饮的当然也有。也是晋时有一个陆玩，就因饮酪而得病的。至如后魏杨衒之《洛阳伽蓝记》所载王肃的话，以为羊酪比中国的茶，是茶只可作酪的奴，因此后人有号茶为“酪奴”的，那颇似现在一般爱饮牛奶的人，当然要说茶是比不得牛奶了。

酪的种类很多，就像《本草纲目》所说：“牛羊马驼之乳皆可作之，惟以牛乳者为胜。”但古人所饮，似以羊酪为多。除上举两例外，他如唐储光羲诗有“杏色满林羊酪熟”，韩翃诗有“从来此地夸羊酪”，宋司马光诗有“军厨重羊酪”，都是说羊酪而不说牛马酪的。

酪又有干酪，就像现在牛奶之有奶油，乃从酪中提炼而成。《齐民要术》有作干酪法，兹引录如下：

七月八月中作之。日中炙酪，酪上皮成，掠取更炙之，又掠，肥尽无皮乃止。得一斗许，于铛中炒少许时，即出于盘上曝浥。浥时作圆，大如梨许，又曝使干，得经数年不坏，以供远行。作粥作浆时，细削著水中煮沸，便有酪味。亦有全掷一团著汤中，尝有酪味，还漉取曝干一遍，则得五遍煮不破。看势两渐薄，乃削研，用者倍矣。

酪又可以炼酥，故酪酥往往并称。炼的方法也略似作干酪，《本草纲目》引《臞仙神隐》云：

造法，以乳入锅煎二三沸，倾入盆内冷定，待面结皮，取皮再煎，油出去渣，入在锅内，即成酥油。一法，以桶盛乳，以木安板捣半日，焦沫出，撇取煎去焦皮，即成酥也。

又酥还可炼醍醐，据说好酥一石，只好炼三四升醍醐。这种味极甘美，多作为医药上之用。

还有酪可以作饼作团作线，当作食品。一如现在奶油用度很广，可以和羹，可以制饼，可以为糖是同样的。兹将《本草纲目》所述作法分录于下：

造乳饼法，以牛乳一斗，绢滤入釜，煎五沸，水解之，用醋点入如豆腐法，渐渐结成，漉出以帛裹之，用石压成，入盐瓮底收之。

造乳团法，用酪五升煎滚，入冷浆水半升，必自成块，未成更入浆一盏，至成，以帛包搦如乳饼样收之。

造乳线法，以牛乳盆盛，晒至四边清水出，煎热，以酸浆点成，漉出揉擦数次，扯成块，又入釜盪之，取出捻成薄皮，竹签卷扯数次，掤定晒干，以油炸熟食。

五 饭

Rice

饭，普通专指稻米饭而言，其实五谷（稻、黍、稷、麦、菽）都可以为饭的，不过别其名称而为黍饭、麦饭等等。

饭，古又称为食（音寺），如《礼记·曲礼》：“食居人之左，羹居人之右。”此食即指饭。据《汲冢周书》，黄帝始炊谷为饭。这当然是想象之辞，大约有谷类就有吃饭的事了的。

饭既以稻米为主，所以我们先来说一说稻米的种类。稻米的种类很多，有一百多种，但大别之，仅有粳糯两种，粳米是硬的，所以字作粳；糯米是懦的，所以字作糯。粳米粒小而早收的，又叫做秈（“籼”的异体字——编者注）。秈米并非是我国原有，是宋真宗时从占城（在今越南）移植过来的，所以当时也叫占米，今亦称为洋尖，大约是粒小而尖的缘故罢！

稻米是现在南方人最主要的食粮。但严格地说起来，它所含的营养成分实不如其他的四谷，所以南方人的身体总较北方人为弱，中国人的身体总较外国人为弱，未始不是吃稻米的缘故罢！但这也因为地理环境的

饭

饭，普通专指稻米饭而言，其实五谷（稻、黍、稷、麦、菽）都可以为饭的，不过别其名称而为黍饭、麦饭等等。

关系，因为南方多水田，所以只好种稻，不能多种其他谷类的。

至于古人所吃的饭，也并不指稻米一种，如《礼记·内则》所载，有稌（即稻）、黍、稷、粱、麦、苽六种。苽今作菰，就是茭白所结的实，古时也称为彫苽，因为其米须霜彫时采取，后又讹为雕胡。也据《内则》所载，说是吃牛肉最好用稻米，吃羊最好用黍，吃猪最好用稷，吃狗最好用粱，吃雁最好用麦，吃鱼最好用苽。但这恐怕只是一种规定而已，未必有什么大道理的。普通所吃，还是以米饭与麦饭为多，这在载籍中屡见不鲜的。至如三国时袁术以桑椹为饭，梁夏侯详采菱为饭，宋苏轼以大麦杂小豆为二红饭，这都是偶一为之，不足为奇。惟道家另有青精饭，据说服之可以益颜延寿，也恐怕是道家一种夸人所谓仙术而已，不足为信。又如明李时珍《本草纲目》所载，说是新炊饭可以治人尿床，祀灶饭可以治噎，盆边零饭可以治鼻中生疮，齿中残饭可以治蝎蛟毒痛，也恐怕都是迷信之谈，没有这

饭

稻米的种类很多，有一百多种，但大别之，仅有粳糯两种，粳米是硬的，所以字作粳；糯米是懦的，所以字作糯。

种神秘的效力罢！

因为饭想到古时还有吃饭的方法。吃饭本来没有方法可言的，但中国是礼仪之邦，素来讲究礼节，所以如《礼记·曲礼》中便有“毋抟饭，毋放饭，毋扬饭，饭黍毋以箸”的说法。抟饭是说饭作抟则易得多，是欲争饱，有失于礼节，所以是不可的。放谓放肆，吃时应当是规规矩矩不可放肆的。扬是以手散饭的热气，这情形有些欲食太急，所以也认为失礼。至于食黍不可用箸，那是要用匙的，这正如现在吃西菜，用刀叉须有一定的方式，否则将被人所讥笑了。此外最讲不通的是“共食不饱，共饭不泽手”（也见《曲礼》）。食而不饱，似未免过分客气了。至于不许泽手，即不许摩手而有汗泽，恐怕共饭的人看来以为不洁，这在现今看来，总觉太过分一些罢！但或者以为古人席地而坐，摩手起来，龌龊很易侵入饭里，不比现在可在桌下摩手，离饭比较远一些了。

一日三餐，古今同例，惟古时天子有吃四餐的，其第三餐在申时，则与现在所谓吃点心同，普通人家都是如此的。至于每人日食不过一升米多些，古今也无异致，像战国时廉颇要吃一斗，算是例外；其实古斗小于今斗，一斗也不过二升多些，较常人多吃一倍而已。

为了吃饭，有一个很有趣的笑话，就是苏轼与刘攽吃毳饭的故事，现在就附在这里。宋朱弁《曲洧旧闻》云：

东坡尝与刘贡父言：『某与舍弟习制科时，日享三白，食之甚美，不复信人间有八珍也。』贡父问三白，答曰：『一撮盐，一碟生萝卜，一碗饭，乃三白也。』贡父大笑。久之，以简招坡过其家吃皛饭，坡不省忆尝对贡父三白之说也，谓人曰：『贡父读书多，必有出处。』比至赴食，见案上所设，惟盐、萝卜、饭而已，乃始悟贡父以三白相戏，笑投匕筯，食之几尽，将上马云：『明日可见过，当具毳饭奉待。』贡父虽恐其为戏，但不知毳饭所设何物，如期而往，谈论过食时，贡父饥甚索食，坡云：『少待！』如此者再三，坡答如初。贡父曰：『饥不可忍矣！』坡徐曰：『盐也毛，萝卜也毛，饭也毛，非毳而何！』贡父捧腹曰：『固知君必报东门之役，然虑不及此也。』坡乃命进食，抵暮而去。世俗呼无为模，又语讹模为毛，尝同音，故坡以此报之，宜乎贡父思虑不到也。

六 粥

Porridge

粥本作鬻，象米在鬲中相属之形，后省作粥。因为煮米使其糜烂，故古时亦称为糜。又以粥厚的叫饘，薄的叫酏，现在都统称为粥，没有这样仔细的分别了。

粥据《汲冢周书》，也为黄帝所作。凡六谷皆可为粥。此外加以他物而称为某某粥的，名目更多，如《本草纲目》里，就列举赤豆粥等有五十种之多。还有茗粥、梅粥，均为前书所未有，似较为奇特。据明陈继儒《珍珠船》云："茶古不闻食，晋宋已降，吴人采叶煮之，名为茗粥。"唐储光羲有《吃茗粥作》，可知唐时已有了的。但现在的吴人，就没有吃这种粥的。梅粥，据宋林洪《山家清供》云："梅落英净洗，用雪水煮，候白粥熟同煮。"恐怕也只取其清高，未见得有特别的滋味罢！

在时节上也有两种粥，到现在还为人们所煮吃的，一为腊八粥，于十二月八日以菜果入米煮粥，因为在腊八日，故名。一为口数粥，于十二月二十五日夜用赤豆煮粥，一家大小均得分食，所以叫做口数。两粥最早始于何时，不得而知，但宋时已很盛行，可知由来也很远了。

这许多的粥，有的为做药用，有的为应时节，至于普通的米粥麦粥，无非为饥寒时进食而已，所以历代每遇饥荒，辄有施粥赈济的事，平常人家，并不以粥为正食的，正与今同。如果在吃，那一定是贫寒之士，所以如宋陶穀《清异录》云：“单公洁阳翟人，耻言贫。尝有所亲访之，留食糜，惭于正名，但云啜少许双弓。”以粥为双弓，也可谓异想天开了。此外古时居丧也应吃粥，如《礼记·问丧》有：“亲始死三日不举火，故邻里为之糜粥以饮食之。”但此风后来就没有了。

不过吃粥也有吃粥的功效，并非贫而才应吃粥的，如宋张耒《粥记》云：

每晨起，食粥一大碗，空腹胃虚，谷气便作，所补不细，又极柔腻，与肠胃相得，最为饮食之妙诀。齐和尚说山中僧，每将旦一粥，甚系利害。如不食，则终日觉脏腑燥涸，盖粥能畅胃气生津液也。大抵养生求安乐，亦无深远难知之事，不过寝食之间尔。故作此劝人每日食粥，勿大笑也。

大约粥因水分较多，可利肠胃是当然的。所以《礼记·月令》有："仲秋之月，养衰老，授几杖，行糜粥饮食。"粥对老年人更为适宜，因为它是比较易于消化的缘故罢！宋陆游有《食粥诗》云："世人个个学长年，不悟长年在目前。我得宛丘平易法，只将食粥致神仙。"宛丘即指上引的张耒，他是宛丘人氏。

要说粥的故事，最著名的当是后汉冯异的豆粥了。《后汉书·冯异传》云：

王郎起，光武自蓟东南驰，晨夜草舍。至饶阳无蒌亭，时天寒烈，众皆饥疲，异上豆粥。明旦，光武谓诸将曰：『昨得公孙豆粥，饥寒俱解。』后以征西大将军朝京师，赐以珍宝衣服钱帛，诏曰：『仓卒无蒌亭豆粥，厚意久不报。』

其次晋石崇也有豆粥的故事，却是很有趣的。《晋书·石崇传》云：

崇与贵戚王恺、羊琇之徒，以奢靡相尚。崇为客作豆粥，咄嗟便办。每冬得韭蓱齑。尝与恺出游，争入洛城，崇牛迅若飞禽，恺绝不能及。恺每以此三事为恨，乃密货崇帐下，问其所以。答云：『豆至难煮，豫作熟末，客来但作白粥以投之耳。韭蓱齑是捣韭根杂以麦苗耳。』

以预熟夸咄嗟便办，这个秘诀后来也有人仿行过，就是宋绍兴中曾纡为其父煮腊沙粥，腊沙即向市中买来，因此也咄嗟便办，父以为异。其实他正用石崇方法的。

还有宋范仲淹幼年贫苦，以吃粥度日，但他的方法却很巧妙。宋彭乘《墨客挥犀》云：

庆历中，范希文以资政殿学士判邠州，予中途上谒，翌日召食。时李郎中丁同席，范与丁同年进士也，因道旧日某修学时，最为贫窭，与刘某同在长白山僧舍，日惟煮粟米二升作粥一器，经宿遂凝，以刀为四块，早晚取二块，断虀十数茎，醋汁半盂，入少盐暖而啖之，如此者三年。

范仲淹以如此吃粥，可谓粥中之最无滋味者，同样用虀（咸菜）过粥，却有极讲究的，如明高濂《遵生八笺》所载：

肉米粥，用白米先煮成软饭，将鸡汁或肉汁虾汁汤调和清过，用熟肉碎切如豆，再加茭笋香蕈或松穰等物细切，同饭下汤内一滚，即起入供，以咸菜为过，味甚佳。

到了现在，粥的品目更多，上品的早非寒俭之食了。

七 饼面

Flat Cakes and Noodles

饼是并的意思，是用面粉调和使它合并的一种食品。其名称似起于汉时，古无是称。按：《周礼·天官·醢人》“羞豆之实，酏食糁食”。汉郑司农云：“酏食以酒为饼。”唐贾公彦疏“以酒酏为饼，若今起胶饼”。宋黄庭坚又加解释，说：“起胶饼盖今炊饼。”今制饼均须发酵，即贾氏所谓起胶。炊饼即是蒸饼，宋因避仁宗讳，内庭呼为炊饼，是蒸饼可说是饼中之最古的。

饼在汉时名目颇多，主要的有胡饼、蒸饼、汤饼等等。

胡饼当起于胡地，正如胡琴胡桃之称胡同。汉刘熙《释名》云：“胡饼作之大漫沍也，亦言以胡麻著上也。”按：胡麻即芝麻，是胡饼即今所谓大饼。但至北朝石勒时，因避讳改为博炉，至石虎又改为麻饼（见《赵录》）。现在也有麻饼，但与大饼制法又有些不同。

蒸饼用水蒸煮，石虎最好食此饼，常以干枣胡桃瓤为心，蒸之使坼裂方食。（《赵录》）或谓即今馒头。按：馒头据宋高承《事物纪原》，云始于诸葛亮渡泸水，以面画人头而祭，故称馒头。大约在前称蒸饼，在后乃有馒头之称。又有一种饽饽，今北方亦称为波波或馍馍，用面有馅，也可说是蒸饼的一类。

汤饼其实就是现在所通称的面，古人称面则指面粉，而称长条的面则为汤饼，以其凡属面粉所制，皆称为饼，所以用汤煮面，也就叫做汤饼。现在小儿生三日或弥月，往往请亲友吃长寿面，俗谓汤饼筵，不称面而称汤饼，即犹存古称之意。按：汤饼筵不知始于何时，但在唐时已有此风。《新唐书·后妃传》中，玄宗皇后王氏有“斗面为生日汤饼”之语可证。此汤饼又称牢丸，唐人称为不托或馎饦。大约古人制面，未必如后人的精致，宋程大昌《演繁露》所谓：古之汤饼，皆手搏而劈置汤中，后世改用刀几，乃名不托，言不以掌托也。其初所用，因随手劈置，仍如饼状，故亦可称为丸，后世改用刀几，则已如今日的面，故别称不托，但仍沿旧称，自亦可通。今日也有调面粉用手劈置下汤烹煮，俗称面疙瘩。按：宋吴自牧《梦粱录》有饦饳面，或者与今面疙瘩同，而字音均与不托相近，是最初的汤饼，也许就是如此

饼面 还有不以饼为名，而也是用面粉做的，如馄饨、包子、饺子之类，在古时也统属饼类。

的。至宋时则多称为面，不言汤饼，如《梦粱录》所载，有鸡丝面、三鲜面、大熝面、卷鱼面、虾鱢面等等，其名称多与现在相同的。

此外饼之为现在所常吃的，有烧饼，亦称为火饼，因以火烧炙而成的。有馓子，古称环饼，亦名寒具。后魏贾思勰《齐民要术》皆载有作法，可知六朝时已有了的。有千层饼、月饼、油酥饼，则见于宋周密《武林旧事》所载，可知宋时已有了的。

还有不以饼为名，而也是用面粉做的，如馄饨、包子、饺子之类，在古时也统属饼类。

馄饨的起源实在很早，汉扬雄《方言》有："饼谓之饦，或谓之餦餛。"有人以为这餦餛就是后来馄饨的转称。但馄饨二字之见于载籍的，则始于唐韦巨源的《食谱》，谱有生进二十四气馄饨，云："花形馅料各异，凡二十四种。"馄饨之意或谓混沌，后乃加以食旁。今粤人又称为云吞，是只取其音而不取其义了。

包子实即馒头的较小者，韦氏《谱》中附张手美家伏日有绿荷包子，云："阊阖门外通衢有食肆，人呼为张手美家，每节专卖一物，遍京辐辏，号曰浇店。"这绿荷包子在当时是很出名的，大约用荷叶包面而煮成罢！宋则王栐《燕翼贻谋录》云："仁宗诞日赐群臣包子即馒头。"陆游有《食野味包子》诗。《武林旧事》也有诸色包子之名，可知在当时包子的名目是很多的，大约以馅而分。前书记馅有细馅、糖馅、豆沙馅、蜜蜡馅、生馅、饭馅、酸馅、笋肉馅、麸蕈馅、枣栗馅等十种，可知包子也有哪十种了。此在现今还是如此，或甜或咸，或荤或素。名目也是分不清的。

至于饺子，古实称为角儿，饺字本作饴解，角乃象其形。明张自烈《正字通》云："今俗饺饵，屑米面和饴为之，干湿小大不一。水饺饵即段成式《食品》汤中牢丸，或谓之粉角。北人读角如矫，因呼饺饵讹为饺儿。"按：《武林旧事》有诸色角儿，此角儿即今所谓饺子，在宋已有了的，惟尚不作饺，可知饺乃为明人所改。至于牢丸实为汤饼，前面已说过了。

宋时还有一种叫夹儿的，或作饫儿、餠子，也是用面粉做成，如宋林洪《山家清供》作胜肉餠云："焯笋、蕈同截，入胡桃、松子，和以酒、酱、香料，溲面作餠子。试蕈之法，姜数片同煮，色不变，可食矣。"是餠子亦有馅。宋吴自牧《梦粱录》更有细馅夹儿、笋肉夹儿、油炸夹儿、金铤夹儿、江鱼夹儿，而与水晶包儿、笋肉包儿、虾鱼包儿、江鱼包儿、蟹肉包儿、鹅鸭包儿、鹅眉包儿同列。包儿当是包子，夹儿则今无是称，大约总也是包子一类的面食罢！又有春茧一名，此茧当不是蚕做的茧，或像其形状，故名为茧。按：今有春卷一物，不知就是此春茧否？

最后还有一种油条，用面粉搓作两条相绞，以油炸熟，几乎南北都有，与大饼同为现在最普通的饼食。也有称为油炸桧的，相传此桧即秦桧，浙人恶其杀害岳飞，因搓面状桧，炸以泄愤。但此说前人载籍中绝未说及，不知果属如此否？又大饼前已说过就是胡饼，今称为大其实不大。惟宋刘义庆《幽明录》所载后秦时有："胡僧为大胡饼径一丈，僧坐在上，先食正西，次食正北，次食正南，所余卷而吞之。”则确得大之称。惟至五代又有更大的，如孙光宪《北梦琐言》云：

王蜀时有赵雄武者，众号赵大饼，累典名郡，为一时之富豪，严洁奉身，精于饮馔。居常不使膳夫，六局之中，各有二婢执役，当厨者十五余辈，皆著窄袖鲜洁衣装。事一餐，邀一客，必水陆具备，虽王侯之家，不得相仿焉。又能造大饼，每三斗面擀一枚，大于数间屋。或大内宴聚，或豪家有广筵，多于众宾内献一枚，裁剖用之，皆有余矣。虽亲密懿分，莫知擀造之法，以此得大饼之号。

饼大至数间屋，那真是异想天开了，可谓自古以来，除赵家以外，无此偌大之饼的。

以上所说饼面，现在也统称为点心，不作正餐，只作小食而已。按：点心之称，唐时已有此语。宋吴曾《能改斋漫录》云："世俗例以早晨小食为点心，自唐时已有此语。案：唐郑傪为江淮留后，家人备夫人晨馔，夫人顾其弟曰：治妆未毕，我未及餐，尔可且点心。"按：现在点心，已不专用于早晨小食，随时都有点心了。

八 糕团

Rice Snacks

糕本作餻，后以其多为米粉所制，故字从米旁。古称为饵为餈（"糍"的异体字——编者注），所以五经中没有糕字。《周礼·天官·笾人》有："羞笾之实，糗饵粉餈。"郑玄注云："今之餈餻。"可知称餻实始于汉。餈又作粢。今以糯米作糕，称为粢糕，可知渊源实古，周时已有了的。

但饵与餈，虽同为糕，也有分别。饵是将米磨粉制成的糕；餈则止如餈糕，仅将米炊熟捣烂而已。饵的意义说它是坚洁，餈的意义说它是慈软。但现在已无此种的分法，统称为糕而已。

古人吃糕，似较吃饼为少，这大约是北方人喜吃麦食而不喜吃米食的缘故罢！因为中国自古以来，国都多建在北方，所以贵为帝王，也时常吃饼而很少吃糕，《周礼》中所记的"糗饵粉餈"，可说是例外的了。就像现在，北方还是糕少于饼。但在南方，糕饼殆相匹敌，就如宋周密《武林旧事》所载，有十九种之多，现在就引录如下：

糖糕 麦糕 雪糕 蜂糖糕 乳糕

蜜糕 豆糕 小甑糕 线糕 社糕

栗糕 花糕 蒸糖糕 闲炊糕 重阳糕

粟糕 糍糕 生糖糕 干糕

其中重阳糕要算糕中最出名的。重阳古时本有登高之举，吃糕大约是与高字同声的缘故罢！但最早登高，只登高饮菊花酒，并没有吃糕的事。惟《西京杂记》有“九月九日佩茱萸，食蓬饵，饮菊花酒，令人长寿”之说，是汉时九日已有吃糕之风了。不过《西京杂记》是伪书，或云汉刘歆撰，或云晋葛洪撰，不知其说果可信否？但此风在六朝确已有了，如隋杜台卿《玉烛宝典》所云：“九日食饵，其时黍稌并收，因以黏米加味尝新。”那是可信无疑的。

此外江浙之间又有一种年糕，是在年晚时所制，故称为年。此糕古时似未所闻，清顾禄《清嘉录》中却有详细的记载：

> 黍粉和糖为糕曰年糕，有黄白之别，大径尺而形方，俗称方头糕，为元宝式者曰糕元宝。黄白磊砢，俱以备年夜祀神，岁朝供先及馈贻亲友之需。其赏赉仆婢者，则形狭而长，俗称条头糕，稍阔者曰条半糕。富家或雇糕工至家，磨粉自蒸。若就简之家皆买诸市。春前一二十日，糕肆门市如云。

按：顾为清道光时人，其记载如此，但不知此风究始于何时？据他后文所引，有杨循吉《除夜杂咏》云“邻里馈糕通”，疑此糕即为年糕，不知确否？杨为明成化时吴人，如所咏确是，是明时吴地已有此种年糕了。

又年晚之间，还有一种松糕，为沪上所盛行的。此糕明高濂《遵生八笺》曾述其作法，可知明时已有了的。此外宁波人作糕名目最多，统称为茶食，以其可供吃茶时闲食之用的。这个名称，宋时已有，如吴自牧《梦粱录》里，就有“杭城食店，多是效学京师人。凡点索茶食，大要及时，如欲速饱，先重后轻”之说。

糕之外还有团，也是用米粉做的，其字亦作糰或糷。但其初似均作团，至宋丁度作《集韵》始收此三字，均注为“粉饵”。按：唐元稹诗有：“彩缕碧筠粽，香粳白玉团。”五代王仁裕《开元天宝遗事》有：“宫中每到端午节，造粉团角黍贮于金盘中。”是唐时已有此团的，为端午节的食品。又唐韦巨源《食谱》中有玉露团，如意圆。或团或圆，盖皆取其形似而言，今称大而干的为团，小而汤煮的为圆子，其实是同样的。又宋吴氏《中馈录》有煮沙团方，云：“沙糖入赤豆或绿豆，煮成一团，外以生糯米粉裹作大团蒸或滚汤内煮亦可。”此正与现在团的制法完全相同。

此种团或圆子，后来在新年元宵时也吃，故今北方又称为元宵，盖以时节而为名的。又称汤团，以用汤之故。清袁枚《随园食单》有萝卜汤团、水粉汤团的作法。宋时则称为水团。又有金团、蘇团，则不用汤而是干的了。

团之外又有一种糉，俗亦作粽，也是用糯米做的，但并不磨成为粉。古又称角黍，以其形状为尖角形，而用的是黍米。现今多在端午节吃的，相传为祭屈原而作，因为他在那天投汨罗而死，楚人遂作粽投水祭他。但此说实不可信，如梁吴均《续齐谐记》所说：

屈原五月五日投汨罗水，楚人哀之，至此日以竹筒子贮米投水以祭之。汉建武中，长沙区曲忽见一士人，自云三闾大夫，谓曲曰：『闻君当见祭，甚善，常年为蛟龙所窃。今若有惠，当以楝叶塞其上，以彩丝缠之。此二物蛟龙所惮。』曲依其言。今五月五日作粽并带楝叶五花丝，遗风也。

糕团 糕之外还有团，也是用米粉做的，其字亦作糰或糷。但其初似均作团，至宋丁度作《集韵》始收此三字，均注为“粉饵”。

未免有些神话，不足为据。按：晋周处《风土记》有云："端午进筒粽，一名角黍，以菰叶裹黏米，象阴阳相包裹未分散也。"并非说及为祭屈原，只是节日用此，取其阴阳未散而已。大约后人以端午日吃此物，于是加以那种神话的附会了。

粽在古时名目很多，如宋祝穆《事文类聚》所载，有角粽、锥粽、茭粽、筒粽、秤锤粽、九子粽等，都就形状而分。现在则以馅而分，有豆沙、火腿等等。按：粽原来是无馅的，有馅似始于宋时，因宋吴氏《中馈录》中作粽子法，有"用糯米淘净，夹枣栗柿干银杏赤豆，以茭叶或箬叶裹之"之说，可知宋时粽已用馅了的。

此外还有一种糯米块，是现在浙东一带于年暮时所常制的。其法将糯米蒸熟，加以捣烂而作扁圆形，其实与瓷糕是相同的，不过形状略异而已。按：块之为名，古惟《中馈录》有之，云是："用江米末围定，铜圈印之，即是洒孛你，切象牙者即名白糖块。"按：今亦有于块上加糖而称糖块的，则似同出一辙了，惟形制为不同耳。

又今日颇多以果实磨粉为食品，虽非米作，而亦称粉，且附说于此。按：宋林洪《山家清供》，有括蒌粉、凫紫粉、石榴粉三种。括蒌粉云是孙思邈法，是唐时已有了的。凫紫即荸荠，石榴实指藕，以用梅水同胭脂染色，所以宛如石榴。至明高濂《遵生八笺》，则所载共有十五种之多。其中如藕粉、菱角粉，固是现今还常吃用的。

九 油

Oil

语云："开门七件事，柴米油盐酱醋茶。"可知油的重要，仅居于柴米之次。的确，现在的菜肴，有许多都要用油烹调，油是开门就不可少的。

但奇怪的是，这个油字古人并不解作像现在用于菜肴的油，《说文》里只说油是水名，就是出在武陵的油水。这样说来，古人菜肴里是不用油的吗？那也未必然的。原来古称油为膏脂，融解的叫膏，凝结的叫脂；都是从动物里取下来的；也有说无角动物的油为膏，有角动物的油为脂；但以前说较为通行。如《周礼·庖人》："凡用禽献，春行羔豚，膳膏香；夏行腒鱐，膳膏臊；秋行犊麛，膳膏腥；冬行鲜羽，膳膏膻。"这就是说，凡用禽献王的，春用羊猪，则和以膏香（牛油）；夏用干雉干鱼，则和以膏臊（狗油）；秋用牛鹿，则和以膏腥（猪油）；冬用鲜鱼羽雁则和以膏膻（羊油）。可知无论有角无角，都可称为膏的。也可知古时所用的油，都是现在所谓荤油（动物油），而没有素油（植物油）。因为荤油用之较便，素油须经过榨取手续，在古时似还不知道有此方法的。

到了汉代，始有捣果为油的方法，如后汉刘熙《释名》有："柰油，捣柰实和以涂缯上，燥而发之形似油也。杏油亦如之。"但尚非用于菜肴上，只用涂缯，似为工艺之需。至如《黄帝内传》所谓："黄帝得河图书，昼夜观之，乃令力牧采木实制造为油，以绵为心，夜则燃之读书，油自此始。"这话一定不可信的，只是附托而已。

至于六朝，方有用油于面食上的，如后魏贾思勰《齐民要术》所载作环饼法，云取牛羊脂膏。但还是用荤油而非素油。直至宋沈括作《梦溪笔谈》，始云："今之北方人，喜用麻油煎物，不问何物皆用油煎。予尝过亲家，设馔有油煎法，鱼鳞鬣虬然，无下筯处，主人则捧而横啮，终不能咀嚼而罢。"既云是今，是以素油用于菜肴上的，最早似始于宋初，而南方人还是吃不惯的。其后庄绰《鸡肋编》(《说郛》引)内有"油"一篇，即详述各种素油的：

油通四方可食，与然者无如。胡麻为上，俗呼芝麻。言其性有八拗，谓雨旸时薄收，大旱方大熟，开花向下，结子向上，炒焦压榨，才得生油，膏车则滑，钻针乃涩也。而河东食大麻油，气臭，与荏子皆堪作雨衣。陕西又食杏仁红蓝花子蔓菁子油，亦以作灯。山东亦以苍耳子作油，此当治风有益。江湖少胡麻，多以桐油为灯。频州食鱼油，颇腥气。

这可以见宋时食用油的大概，惟一是麻油，也是油中的最上品。但麻油现在只供浇蘸之用，其用作煎物者殊少。杏仁等油现在更非日用的了。至于明代，油的种类愈多，如宋应星《天工开物》云：

凡油供馔食用者，胡麻、莱菔子、黄豆、菘菜子为上，苏麻、芸薹子次之，苋菜子次之，大麻仁为下。凡胡麻每石得油四十斤，莱菔子每石得油二十七斤，芸薹子每石得三十斤，其耨勤而地沃榨法精到者仍得四十斤，茶子每石得油一十五斤，黄豆每石得油九斤，菘菜子每石得油三十斤，苋菜子每石得油三十斤，大麻仁每石得油二十余斤。此其大端，其他未穷究试验，与夫一方已试而他方未知者，尚有待云。

他又说榨油方法很详。这里面黄豆油即豆油，芸薹子油即菜油，也为今日所常用的。惟尚无生油，即由落花生所榨取的。按：落花生我国旧无其种，实传自外洋。为美洲原产，其传入我国，约在明万历时，王世懋《果疏》曾见载及。其物花后子房入地一二寸，结实成荚，故名落花生，今简称为花生或别称长生果，取以榨油，即名为生油，为现今食用油的大宗，南北都通用的，而产生时代最晚，可谓后来居上的了。

总之，古时所用的油，最初都是动物的脂膏，后则方有植物榨取的油，但用作馔食，还是很晚，大多点灯用的。提起点灯，在现在最普通的是煤油，俗称火油，此在五代时已经有了，只是还不大普遍，当时称为猛火油的。因说食油，顺便说作燃料的油于此。

一〇 盐

Salt

盐为吾人日常调味品中最重要的，有食必须有盐，否则便淡而无味，不能下咽，所以它在开门七件事中居油之次，而其实还在油之上的。

盐字本象器皿中煎卤的形状，天生的叫卤，人造的叫盐，相传黄帝之臣宿沙氏初煮海水为盐，盐的由来可谓古远极了。

盐在古时就有许多种类，如《周礼·天官》："盐人掌盐之政令，以共百事之盐，祭祀共其苦盐散盐，宾客共其形盐散盐，王之膳羞共饴盐。"据注："苦盐出于池，盐为颗未炼治，味咸苦。散盐即末盐，出于海及井，并煮鱇而成者，盐皆散末也。形盐即印盐，积卤所结，形如虎也。饴盐以饴杂和，或云生戎地，味甘美也。"现在各地所用的盐，则沿海诸省多用海盐，西北诸省多用池盐，西南诸省多用井盐，此外有刮取硷土煎炼而成的叫硷盐，生于土崖中的叫崖盐，生于石中的叫石盐，生于树中的叫木盐，生于草中的叫蓬盐，盖只要有咸味的地方，都可取以煎盐的。

盐的颜色大多是白的，其不纯粹的则带黄色。但据古来载籍所记，则盐的别种颜色殊多，有红盐，如唐段公璐《北户录》云：

恩州有盐场，色如绛雪，验之即由煎时染成，差可爱也。郑公虔云，琴湖池桃花盐色如桃花，随月盈缩，在张掖西北。

按：恩州在今广东恩平县，张掖在今甘肃。惟恩州以煎时染成，是原来未必为红色的。至西北则确有此盐，医药上称为戎盐，又有一种青色的，如明李时珍《本草纲目》云：

青盐赤盐皆戎盐也。《西凉记》云：『青盐池出盐正方半寸，其形如石，甚甜美。』《真腊记》云：『山间有石味胜于盐，可琢为器。』《梁杰公传》言：『交河之间，掘碛下数尺有紫盐，如红如紫，色鲜而甘。』此二盐即戎盐之青赤二色者，医方但用青盐而不用红盐。

这种的盐，据《本草》本经所载，有“明目益气，坚肌骨，去毒蛊”之效。此外还有绿盐，为眼药的要品，出伊朗国，亦可以用人工制造，以铜醋相和而成的。

盐除了调味及药用以外，还可以腌肉、腌鱼、腌菜等等，使久藏不腐，功用更大。腌鱼、腌肉故多称为鲊，腌菜古多称为菹。如后魏贾思勰《齐民要术》有作鱼鲊及作猪肉鲊法。但鲊除用盐以外，实尚和米，如《释名》所谓：“鲊滓也，以盐米酿之，如菹熟而食之也。”现今的腌法，则又有两种，一种为鲍，是腌而湿的；一种为鲞，是腌而干的，大多属于鱼类。但肉亦有鲍腌肉，是鲍亦可称肉，惟普通多称咸肉。鲍腌亦作暴腌，以其腌而未久，故称为暴。

鲊字不见于经书，大约后汉时方才有的。《三国志·孙皓传》引《吴录》云：“孟仁为盐池司马，自能结网手捕鱼作鲊。”此为作鲊之最早记载者。鲍则《周礼·天官·笾人》有“朊鲍鱼鳙”之语，可知自古就有。鲞据唐陆广微《吴地记》云：

阖闾入海，会风浪粮绝，不得渡，王拜祷，见金色鱼逼而来，吴军取食。及归，会群臣思海中所食鱼，所司云：『暴干矣。』索食之甚美，因书美下鱼鲞字。

是春秋时方有了的。金色鱼也许就是黄鱼，现在正以黄鱼腌干为鲞。宋吴自牧《梦粱录》载当时杭州有鲞铺一二百余家，鲞有郎鲞、鳖鲞、鳗鲞、黄鱼鲞、鲭鱼鲞、老鸦鱼鲞等等，均产于温台四明等郡。此外也有鲊，如大鱼鲊、鲟鱼鲊、银鱼鲊、蟹鲊、盐鸭子等。正如现今的腌鲜铺，凡鱼皆有的。大约鲊以淡水鱼为主，鲍鲞则多为海鱼的，而均须盐渍则同。

至于菹,《释名》所谓:“菹阻也,生酿之,遂使阻于寒温之间不得烂也。”就是现在的盐菜,凡是蔬菜都可菹的。《周礼·天官·醢人》有“七菹”之说,据注为韭菁茆葵芹箈笋。有用盐渍的,有用酱浸的,酱浸现在称为酱菜,滋味较盐渍为佳。郑玄注《周礼》即云:“凡醯酱所和,细切为齑,全物若牒为菹。”这实在是酱菜。又如梁宗懔《荆楚岁时记》云:“仲冬之月,采撷霜芜菁葵等杂菜干之,并为盐菹。”则实为盐菜。

盐是一日不可少的,也是每个人所必需,但古时有居丧不食盐的说法,如《南齐书·崔慰祖传》有“父丧不食盐”。《梁书·张弘策传》有“遭母忧,三年不食盐菜”。《陈书·孝行传》“张昭弟乾,父卒兄弟并不食盐醋”。《宋史·张根传》“父病蛊戒盐,根为食淡”。这大约本于《礼》“功衰食菜果,饮水浆,无盐酪”之意罢!然而现在早无此种守孝法了。

二一 酱

Soy Sauce

酱是将的意思，说能制食物的毒，如将的平暴恶。孔子有“不得其酱不食”，可知酱在调味品中的重要，因此后人遂有“八珍主人”之称。现在所日用的酱油，古称豆酱，盖系大豆所造，实为汁而非油，所以古书中或称酱，或称豆酱，而没有称为酱油的。

酱除豆酱以外，麦也可以作酱。这种的酱，都用以调味，《礼记·曲礼》所谓：“凡进食之礼，脍炙处外，醯酱处内。”醯即醋，酱即酱油，与醋并列，正与现今筵席所用者同，可知周时已有了的。

酱除调味以外，尚有细剉鱼肉或蔬果而为酱的，如《齐民要术》有作肉酱、鱼酱、虾酱、芥子酱、榆子酱法。肉酱凡牛羊獐鹿兔肉皆得作。此种肉酱，古也称醢（音海），《尔雅》云：“肉谓之醢，有骨者谓之臡。”但后世均统称之为酱。现在酱的名目更多，不遑细述。酱中最特别的，当为蚁子酱。宋陆游《老学庵笔记》云：

《北户录》云：『广人于山间掘取大蚁卵为酱，名蚁子酱。』按：此即《礼》所谓醢也，三代以前固以为食矣。

元时陶宗仪《元氏掖庭记》中也载有此酱，不知现在广人尚有之否？

说到这里，酱中尚有一个很奇妙的故事，唐无名氏《玉堂闲话》云：

光启年中，左神策军四军军使王卞出镇振武，置宴，乐戏既毕，乃命角抵。有一夫甚魁岸，自邻州来此较力。……遂选三人相次而敌之，魁岸者俱胜，帅及座客称善久之。时有一秀才坐于席上，忽起告主帅曰：『某扑得此人。』主帅颇骇其言，所请既坚，遂许之。秀才降阶先入厨，少顷而出，遂掩绾衣服，握左拳而前。魁岸者微笑曰：『此一指必倒矣。』及渐相逼，急展左手示之，魁岸者懵然而倒，合座大笑。秀才徐步而出，盥手而登席焉。主帅诘之：『何术也？』对曰：『顷年客游曾于道店逢此人，才近食案，踉跄而倒。有同伴曰，怕酱见之辄倒。某闻而志之，适诣设厨求得少酱握在手中，此人见之，果自倒，聊助宴设之欢笑耳。』有边岫判官目睹其事。

这当是食性的关系,此魁岸者是绝对不食酱的罢!

上面说过,肉酱古称为醢。醢古时大抵为佐馔之用,往往与他食并吃,如《礼记·内则》:“食蜗醢,而苽食雉羹。”蜗与螺同,就是螺酱。是食苽或雉羹的时候,用螺酱以佐之。又云:“腶脩,蚳醢;脯羹,兔醢;麋肤,鱼醢。”这就是说吃腶脩(施姜桂的干肉)用蚳醢(即上引所谓蚁子酱),吃干肉羹用兔醢,吃麋肉用鱼醢。

又醢亦与菹同食。菹就是现在所谓酱菜或盐肉盐鱼之类。如《周礼·醢人》有:“芹菹,兔醢;深蒲,醓醢;箈菹,雁醢;笋菹,鱼醢。”醓(音贪)醢也就是肉酱,不过其汁特多。深蒲为蒲始生水中的子,箈(音持)是细竹的笋。

又有一种齑,亦作虀,古又作齐,就是现在所谓咸齑,用菘或芥所盐成的。但古时以大切若全物为菹,细切为齑。现在的齑,则并不细切,一与菹同。古时的齑,如《齐民要术》所载八和齑,系用蒜、姜、橘、白梅、熟栗、黄粳米饭、盐、酱八种捣碎而成,故其味辛,其色黄,隋炀帝所谓“金齑玉脍”，金齑即指此八和齑，玉脍乃指鲈鱼也。

其实不论醢菹齑，统可称之为酱，所以现在除了盐菜称为咸齑以外，余物均称酱，而没有什么醢菹齑等分别了。

二二 醋

Vinegar

醋本作酢，后世乃以酢为醋，醋为酢，酬醋改作酬酢，醋遂专作为酸的调味品解了。

又醋最早称为醯(音兮)，与酱并称，如《礼记·曲礼》有“脍炙处外，醯酱处内”之语。又因为其味酸苦，也称为苦酒。

醯在周时就有了的，《周礼》中且有“醯人”之官。醋则相传为晋刘伶的妻吴氏所为。刘伶是饮酒很出名的，吴氏怕他嗜酒败事，欲其节饮，于是每酿酒的时候，以盐梅辛辣的东西和在酒内，使其味酸。后人因她所为，仿效作醋。但这恐怕只是传说，未必是真实的，因为醯醋实为一物，只是周时还没有这个醋字而已。

醋的用途是调味，在《礼记·内则》中就有和牲柔肉之说。和牲就是和在牛羊豕三种肉里，这样则肉更为柔软。此外烹鱼当然也要用醋的，《晏子春秋·外篇》有“醯醢盐梅，以烹鱼肉”。

醋除烹调以外，在医药上也有许多用处。如《本草纲目》所载，诸虫入耳，可以用醋注入，虫即出耳。

取舍不易

汤火伤灼，即以酸醋淋洗，并涂以醋泥，可无瘢痕。还有足上冻疮，也可用醋洗足，研藕傅涂。至如五代孙光宪《北梦琐言》所说，更可以治眼花，那是因为醋有散瘀解毒之功，并非是说眼里真有疾病的缘故。故事是这样的：

有少年眼中常见一小镜子，医工赵卿诊之，与少年期来晨以鱼鲙奉候。少年及期赴之，延于阁子内，且令从容，俟客退后，方得攀接。俄而设台于上，施一瓯芥醋，更无他味。卿亦未出。迨日中久候不至，少年饥甚，且闻醋香不免轻啜之，逡巡又啜之，觉胸中豁然，眼花不见，因竭瓯啜之。赵卿探知，方出，少年以啜醋惭谢，卿曰：『郎君吃鲙太多，非酱醋不快，又有鱼鳞在胸中，所以眼花。适来所备酱醋，只欲郎君因饥以啜之，果愈此疾。烹鲜之会，乃权诳也，请退谋餐。』

因为吃醋，想到今人以女子善妒也称为吃醋的故事，据说是出在唐房玄龄夫人身上的。唐张鷟《朝野佥载》云：

梁公（按：即房玄龄，封为梁公）夫人至妒。太宗将赐公美人，屡辞不受，帝乃令皇后召夫人，告以媵妾之流，今有常制，且司空年暮，帝欲有所优诏之意。夫人执心不回。帝乃令谓之曰：『若宁不妒而生，宁妒而死？』乃遣酌卮酒与之曰：『若然可饮此酖。』一举便尽，无所留难。帝曰：『我尚畏见，何况于玄龄！』

据说那酒就是苦酒，也就是醋，不知确否？一说世以妒妇比狮子，狮子日食醋酪各一瓶，故有此说。又古人亦以忍受为吃醋，这正如现在说“哑子吃黄连”一样的意思。如宋吕本中《官箴》所谓“王沂公常说吃得三斗酽醋，方做得宰相，盖言忍受得事”是也。

此外今人称事不可为谓“束手无措”，据宋周密《癸辛杂识》所载，却有一个来历。识云：

束元嘉知嘉陵（泰州），禁醋甚严，有大书于郡门曰『束手无醋』。

这大约是一件巧事，束手未必出于姓束的手，但这种巧合，颇有语妙双关之趣。又以贫士为醋大，也作措大，据唐李匡乂《资暇集》所载，也有一个来历的：

人称士流为醋大，言其峭醋而冠四民之首。一说衣冠俨然，黎庶望之有不可犯之色，犯必有验，比于醋而更验，故谓之焉。或云往有士人贫居新郑之郊，以驴负醋巡邑而卖，复落魄不调，邑人指其醋驮而号之。

以贫士而论，似以后说为最近理，前二者则但为士流的别称，与贫无关。

一三 豉

Fermented Soy Beans

豉为以豆制成的食物，故字从豆旁。今亦称为豆瓣酱、豍豍酱。按：豍豍实即豇豆，色黑，亦称为黑豆。凡豆皆可制豉，今多为大豆所造。据晋张华《博物志》云：

外国有豉法，以苦酒浸豆，暴令极燥，以麻油蒸，蒸讫复暴，三过乃止，然后细捣椒屑，随多少合之。中国谓之康伯，能下气调和者也。

李时珍《本草纲目》以为："康伯乃传此法之姓名耳。"但不知他为何时代的人。又据宋吴曾《能改斋漫录》云：

古人未有豉也，止用酱耳。《礼记·内则》《楚辞·招魂》备论饮食，而言不及豉。史游《急就篇》乃有『芜荑盐豉』。《史记·货殖传》曰『蘖曲盐豉千合』，《三辅决录》曰：『前队大夫范仲公盐豉蒜果共一筒。』盖秦汉以来始为之耳。

是豉当始于秦汉。果为康伯所传法，其人当亦为秦汉间人了。《说文》解豉为“配盐幽菽”，故古多并称盐豉。而晋陆机“千里莼羹，末下盐豉”，尤为后人所羡传之语。末下或云地名，或云未下，盖莼羹固美，下盐豉则更佳了。所以豉实亦为调味品之一。

豉有咸淡两种，咸的加盐，供食用，淡的则入药。据李时珍云：“黑豆性平作豉，得葱则发汗，得盐则能吐，得酒则治风，得薤则治痢，得蒜则止血，炒熟则又能止汗，亦麻黄根节之义也。”

豉在古时销路不亚于盐，《释名》所谓：“豉嗜也，五味调和须之而成，乃可甘嗜也。”可知豉为调味上所必需；同时也为一般廉俭人家所常食，如《三辅决录》云：“前队大夫范仲公，盐豉蒜果共一筒，言其廉俭也。”有此二因，无怪《汉书·食货志》云：“长安豉，樊少翁王孙大卿为天下高訾。”訾同赀，那樊少翁及王孙大卿就是因卖豉起家而致巨富的。

豉在现今已不被人们所重视，那因为现今调味品已较古时为多，可以不再求之于豉的缘故罢！

一四 糖

Sugar

糖 现在所用的糖，多用甘蔗汁煎成的，此法实始于唐，而由印度所传入的。

糖古称饴称饧，又汉扬雄《方言》"饧谓之餹"。据注："江东皆言餹。"后世又改餹为糖。《释名》以为："饧洋也，煮米消烂洋洋然也。饴小弱於饧，形怡怡然也。"是饴饧均为米制，饴为软糖，饧为硬糖。《说文》也说："饴，米蘖煮也。"都是现在所谓糯米糖或麦芽糖。

但现在所用的糖，多用甘蔗汁煎成的，此法实始于唐，而由印度所传入的。《唐书·西域传》摩揭陀国云：

贞观二十一年，始遣使自通于天子。太宗遣使取熬糖法，即诏扬州上诸蔗，拃沈如其剂，色味愈西域远甚。

按：甘蔗一物，中国自古就有，惟均不知煎糖方法。如宋玉《招魂》"有柘浆些"，此柘浆据注即蔗浆。然太宗时所传，只是沙糖，并非白糖。白糖古称糖霜，据宋王灼《糖霜谱》云：

唐大历间，有僧号邹和尚，不知所从来，跨白驴登繖山，结茅以居，须盐米薪菜之属，即书付纸系钱，遣驴负至市，人知为邹也，取平直挂物于鞍，纵驴归。一日，驴犯山下黄氏者蔗田，黄请偿于邹，邹曰："汝未知窨蔗糖为霜，利当十倍。吾语女塞责，可乎？"试之，果信。自是流传其法。……邹末年弃而北走通泉县灵鹫山龛中，其徒追蹑及之，但见一文殊石像，众始知大士化身，而白驴者，狮子也。

是白糖制法在大历年间，距贞观后一百余年了。遂宁在今四川省境。邹和尚或自印度来的，惟后文则未免带些神话了。至冰糖亦起于其时，盖由白糖再炼而凝成的。前书又云：

糖霜一名糖冰，福唐、四明、番禺、广汉、遂宁有之，独遂宁为冠。四郡所产，甚微而碎，色浅味薄，才比遂之最下者。……皆起于近世。

可知也自印度传来的方法。

糖在现在应用很广，不但可以调味作馅，还可以制糖果。据《魏略》云："新城孟太守道蜀猪豚鸡鹜味皆淡，故蜀人作食喜煮饴蜜以助味。"按：今煮肉类亦多加糖，是三国时候已有此风。又如《后汉书·显宗纪》注云："以糖作狻猊形，号曰猊糖。"是即一种糖果名称。至宋时如周密《武林旧事》所载，有糖丝线、十般糖、韵姜糖、花花糖、糖脆梅、糖豌豆、乌梅糖、玉桂糖、乳糖狮儿等名目。其中乳糖尤精，即于糖中加以牛乳，如现在的奶油糖。明李时珍《本草纲目》云：

以白糖煎化模印成人物狮象之形者为飨糖，《后汉书》注所谓猊糖是也。以石蜜和牛乳酥酪作成饼块者为乳糖，皆一物数变也。

到了现在,糖果的名目更多,不胜枚举。花样也层出不穷,非这里所能细述的了。

糖的滋味虽美,但多食也有害处,此为古今中外医家所公认的。惟糖尚有治鲠的妙用,如宋无名氏《文昌杂录》云:

> 礼部王员外言昔日在金陵,有一士子为鱼鲠所苦,累日不能饮食。忽见卖白饧者,因买食之,顿觉无恙,然后知饧能治鲠也。后见孙真人书,已有此方矣。

又明皇甫禄《近峰记略》云:

> 近有稚子戏以线锤置口中,误吞之。有胡僧啖以饧糖半斤,即于谷道中随秽而下。僧云:『凡误吞五金者,皆可啖也。』

糖 糖不但可以调味作馅，还可以制糖果。……据《武林旧事》所载，有糖丝线、十般糖、韵姜糖、花花糖、糖脆梅、糖豌豆、乌梅糖、玉桂糖、乳糖狮儿等名目。

至如唐孟诜《食疗本草》云:“沙糖与鲫鱼同食成疳虫,与葵同食生流澼,与笋同食不消成症,身重不能行。”那恐怕不足为据的。惟《附方》中有:“食韭口臭,沙糖解之。”这倒是现在所谓口香糖的很好根据了。

最后还要说一个“含饴弄孙”的典故,这原是后汉时明德马皇后对章帝所说的话,意思是说她已年老,但当吃吃饴糖,抚抚孙儿而已,不再问闻国家大事了。但后来因为“含饴”之下有“弄孙”的缘故,便称人家生孙为含饴之喜。这正如孔子所谓:“吾十有五而志于学,三十而立,四十而不惑,五十而知天命,六十而耳顺,七十而从心所欲,不逾矩。”便以“而立”称为三十,“不惑”称为四十,“知命”称为五十,“耳顺”称为六十,同样断章而取义的。

一五 蜜

Honey

蜜是密成的意思，因为蜂所密成，所以字下从虫。《说文》所谓："蜜，蜂甘饴也。"

蜜为蜂采花汁酿以大便而成，明李时珍《本草纲目》所谓："臭腐生神奇也。"但因为蜂所居的地方不同，也有许多种类，如梁陶弘景《本草注》云：

石蜜即崖蜜也，在高山岩石间作之，色青味小酸，食之心烦，其蜂黑色似虻。其木蜜悬树枝作之，色青白。土蜜在土中作之，色亦青白，味酽。人家及树空作者亦白，而浓厚味美。

饮料食品

是蜜有石蜜、木蜜、土蜜之分。大抵北方地燥多产土蜜，南方地湿多产木蜜，而石蜜则产在岩崖之间，也以南方为多。古时不知养蜂，所以如明宋应星《天工开物》所说："蜂造之蜜，出山岩土穴者十居其八，而人家招蜂造酿而割取者十居其二也。"以天然蜜为多，而人养的为少。现在则养蜂事业日渐发达，蜜多为人养的了。

古人用蜜，大约也如饴饧一样，取其甘甜而已，而《周礼》中却没有提及，可知蜜食还不大重视的。今所知者，《吴越春秋》有"越以甘蜜丸榄报吴增封之礼"，是蜜在春秋时方才有的。又宋玉《招魂》有"粔籹蜜饵"之语，是战国时已有用蜜作饼饵了。粔籹是一种像环钏形的环饼，用油煎成，就是现在所谓油馓子。又《礼记·内则》有"子事父母，枣栗饴蜜以甘之"。是周时也有蜜枣和蜜栗了。今人以蜜渍的食物称为蜜饯，可知自古就有了的。

然古时因为不知养蜂，所以得蜜非易，如《西京杂记》所载："南越王献高帝石蜜五斛，帝大悦，厚报遣其使。"又如《吴书》云："袁术欲得蜜浆，无蜜，坐櫺床上叹息良久。"于是到了晋时，《晋书》便有"蜜工收蜜十斛，有能增二升者，赏谷十斛"之令。但到唐宋以后，蜜产已渐增多，所以如五代王仁裕《开元天宝遗事》，便云："杨国忠家以炭屑和蜜，塑成双凤。"这固然是杨氏的奢侈无度，也可见当时得蜜已非如古时的艰难，像《南史·梁武帝纪》所说："帝疾久口苦，索蜜不得。"以帝王之尊，也时时要闹蜜荒的。到了宋时，蜜的吃法更多，苏轼且用以制酒，如张邦基《墨庄漫录》云：

东坡性喜饮，而饮亦不多。在黄州，尝以蜜为酒，又作《蜜酒歌》，人罕传其法。每蜜用四斤炼熟，入熟汤相搅成一斗，入好面曲二两，南方白酒饼子米曲一两半，捣细，生绢袋盛，都置一器中，密封之。大暑中冷下，稍凉温下，天冷即热下，一二日即沸，又数日沸定，酒即清可饮。初全带蜜味，澄之半月，浑是佳酎。方沸时，又炼蜜半斤冷投之尤妙。予尝试为之，味甜如醇醪。善饮之人，恐非其好也。

又如陆游《老学庵笔记》云：

族伯父彦远言，少时识仲殊长老，东坡为作《安州老人食蜜歌》者。一日，与数客过之，所食皆蜜也，豆腐面筋牛乳之类，皆渍蜜食之。客多不能下箸，惟东坡性亦酷嗜蜜，能与之共饱。

竟连豆腐面筋也用蜜渍，可谓爱蜜食之尤者了。因此倒想起南朝宋明帝更有特嗜，《南史》说他："好逐夷，以银钵盛蜜渍之，一食数钵。"逐夷即乌贼肠，实为一种奇食。又据宋沈括《梦溪笔谈》云："隋大业中吴郡贡蜜蟹二千头，蜜拥剑四瓮，又何胤嗜糖蟹。"以为："大抵南人嗜咸，北人嗜甘，蟹加糖蜜，盖便于北俗也。"这在现今不知北人还有此种食法否？拥剑也是蟹属，因为它有螯如剑，故名。

又蜜饯也作蜜煎，今日所用，正如李时珍《本草纲目》所载："以石蜜和诸果仁及橙橘皮缩砂薄荷之类作成饼块者为糖缠。"糖缠当是蜜饯的转称。宋时又有雕花蜜饯，如周密《武林旧事》所记张俊供进高宗御筵，有雕花蜜饯一行，为雕花梅球儿、红消花、雕花笋、蜜冬瓜鱼儿、雕花红团花、木瓜大段儿、雕花金橘青梅荷叶儿、雕花姜、蜜笋花儿、雕花枨子、木瓜方花儿十二种，颇多为现在所有的，惟不雕花而已。

以上所说的蜜，都是蜂蜜，但古时西域还有一种草蜜，即草自生蜜，也很甘美，但其产量，恐不若蜂蜜的多罢！

一六 肉

Meat

肉，现在似专指猪肉一种，其实凡牲畜的肉，都可称肉，不过现在都在肉上加以别称，如牛肉羊肉之类，以示与专称猪肉的肉稍加分别。这里所说，却包括一切牲畜的肉的。

现在人吃肉，要以猪肉为主，而副以牛肉羊肉之类，其名目殊不甚多。但是古人所吃，如《周礼·天官》所载"膳夫掌王之食饮膳羞，膳用六牲"，据注为马、牛、羊、豕、犬、鸡。又"庖人掌共六畜六兽六禽"，据注六畜即六牲，六兽即麋、鹿、熊、麕、野豕、兔，一说有狼无熊；六禽即雁、鹑、鷃、雉、鸠、鸽，一说为羔、豚、犊、麛、雉、雁。这些既然是王者之食，当然名目有如此之多，我们也不必详细去说它了。至于通常所用，据《礼记·王制》"诸侯无故不杀牛，大夫无故不杀羊，士无故不杀犬豕，庶人无故不食珍，庶羞不逾牲"的话看来，士阶级是可以吃狗肉和猪肉的，只是为惜生起见，无故不要多杀罢了。这只是一种劝告性质，当然非法律上的规定，牛羊也未始不为士阶级所可吃的。然则据此所言，古时所谓肉

肉 《周礼·天官》所载"膳夫掌王之食饮膳羞,膳用六牲",据注为马、牛、羊、豕、犬、鸡。又"庖人掌共六畜六兽六禽"。

食，大约有牛、羊、犬、豕四种。而豕最贱，吃的当更多，牛羊则较为尊贵一些。这也如现在一样，吃猪肉为最普遍，而牛羊比较的少，惟狗肉则已不为人们所欢迎，吃的人是更稀有了。

又古人吃肉，有鲜肉、干肉，干肉别名为脯为脩，脯是初作成的，脩是作成比较久一些了。鲜肉普通有带骨的别称为殽，有纯肉的别称为胾。据《礼记·曲礼》所说，吃肉也不可随便吃的，如："凡进食之礼，左殽右胾。三饭，主人延客食胾，然后辨殽。"据疏："三饭谓三食也，礼食三飧而告饱，须劝乃更食。三饭竟，而主人乃导客食胾也，食胾之后，乃可遍食殽也。"这办法真是噜苏之至，先要吃了三饭，待劝方才再可吃肉。此三饭有说三口饭的，那似乎并不能说饱，若说如今的三碗，那确是已很饱了，更食三饭，未免太饱一些。然而古时的饭器，也许很小，所以即使六饭亦不过尔尔罢。今人举办筵席，肉菜总留在最后方上，使人再吃，也许就是古风的遗留了。

以上所说，都是经书上所载吃肉大略，当然距我们时代是太远了，不必多说。以下且说几种肉的故事。第一现在所称的东坡肉，这是宋时苏东坡轼所创造出来的。他在黄冈时，曾有一首《食猪肉诗》云：

黄州好猪肉，价贱如粪土。富者不肯吃，贫者不解煮。慢著火，少著水，火候足时他自美。每日起来打一碗，饱得自家君莫管。

肉是随便一块肉，只是火候足而已。至于火候怎样才算足呢？唐冯贽《云仙杂记》云：“黄昇日享鹿肉三斤，自晨煮至日影下门西，则喜曰火候足矣。”东坡学的也许就是这个方法。不过要肉的烂，也有方法，而此方法竟有异想天开者，如清陈其元《庸闲斋笔记》所云：

先大父尝言：嘉庆初年，在四川一驿，遇福文襄郡王行边，州县极供张之盛，以王喜食白片肉，肉须用全猪煮烂，味始佳。乃设一大镬，投全猪于中煮之，未及熟而前驱至，传王谕以宿站尚远，一到即饭，以便赶行。无如肉尚未透，庖人窘甚，忽焉登灶解裤，溺于镬中。先大父惊询其故，则曰：『忘带皮硝，以此代之。』比王至上食，食未毕，忽传呼某县办差人。先大父惊曰：『必觉其臭矣。』既乃知王以一路猪肉，无若此驿之美者，赏办差者宁绸袍褂料一副。

肉

古人吃肉，有鲜肉、干肉，干肉别名为脯为脩，脯是初作成的，脩是作成比较久一些了。鲜肉普通有带骨的别称为殽，有纯肉的别称为胾。

那倒是闻所未闻了。而肉味反美，真也有至理存在的。至如清薛福成《庸庵笔记》所述：

道光年间，南河风气之繁盛。维时南河河道总督驻扎清江浦，道员及厅汛各官环峙而居，物力丰厚。……凡饮食衣服车马玩好之类，莫不斗奇竞巧，务极奢侈。……尝食豚脯，众客无不叹赏，但觉其精美而已。一客偶起如厕，忽见数十死豚，枕藉于地，问其故，则向所食之豚脯一碗，即此数十豚之背肉也。其法闭豚于室，每人手执竹竿，追而挟之，豚叫号奔绕，以至于死，亟划取其背肉一片，萃数十豚仅供一席之宴。盖豚被挟将死，其全体菁华萃于背脊，割而烹之，甘脆无比，而其余肉则皆腥恶失味，不堪复食，尽委之沟渠矣。客骤睹之，不免太息。宰夫熟视而笑曰：『何处来此穷措大，眼光如豆。我到才数月，手挟数千豕，委之如蝼蚁，岂惜此区区者乎？』

则奢侈过甚，未免暴殄天物。但此亦不乏前例，如宋廖莹中《江行杂录》，就说到一厨娘办羊头羹五份，须用羊头五十个之多。又如清梁章钜《归田琐记》，也说一盘小炒肉，竟须一只肥猪。不过较之薛氏所述，则又未免小巫之见大巫了。

鲜肉之外，现在尚有腊肉、火腿之类。腊肉之制法最早就有，即《易》中所谓腊肉。后魏贾思勰《齐民要术》有"脯腊"，即述各种腊肉的作法。明杨慎《丹铅总录》以为："今人之腊肉，经腊而成也。"火腿之名，最早似未所闻，惟明高濂《遵生八笺》有"火肉"一条，云："以圈猪，方杀下，只取四只精腿乘热用盐，每一斤肉盐一两，从皮擦入肉内令如绵软，以石压竹栅上，置缸内二十日，次第三番五次用稻柴灰一重间一重叠起，用稻草烟熏一日一夜，挂有烟处，初夏水中浸一日夜，净洗仍前挂之。"似即现今所谓火腿了，盖以用烟火熏制而成，故称为火罢！

一七 羹

Thick Soup

羹字从羔从美，羔是小羊，美是大羊，羊在牲畜中专供膳食，所以可以为羹。从而可知最初的羹，专属肉类，故《尔雅》有“肉谓之羹”之说，《说文》也有“羹，五味之和也，烧豕肉羹也”。后世乃有以蔬菜为羹，于是羹便为普通膳食的通称，不专指肉煮的了。

最初的羹，有太羹、铏羹两种。太羹犹说太古的羹，只有肉汁，不和别的。这因为太古茹毛饮血，所谓羹者，就是血汁而已。渐后则渐加别的滋味以相调和，因为盛在铏（羹器名）上，所以叫做铏羹。但这些都是用在祭祀上面，太羹表示不忘其本，铏羹表示后世之食，至于通常所用，则混称为羹而已。

羹据《礼记·内则》所载，有雉羹、脯羹、鸡羹、犬羹、兔羹等等名目。吃时也有些分别，如吃雉羹则用菰饭，吃脯羹、鸡羹则用麦饭，吃犬羹、兔羹则用米饭。

肉羹古时也称为臛，后魏贾思勰《齐民要术》里有羹臛法，如作鸭臛、鳖臛、兔臛、鲤鱼臛等法，都称羹为臛，其实是相同的。

至于以蔬菜为羹，最早也未尝没有，如《韩非子》所谓："尧之王天下也，粝粢之食，藜藿之羹。"又云："孙叔敖相楚，粝饼菜羹。"均表示他们的俭约，而藜藿之羹，常为后来文人们所引用，以为粗食的代表。此外莼羹也是很出名的，那是因为晋张翰一思之故，以为故乡（吴郡）正有菰菜莼羹鲈鱼鲙等美食可吃，何必羁宦数千里外来要名爵呢？但莼羹实际上并没有特别的美味，只是张翰因此而辞宦归里，《晋书》上且为此而特加记载，所以它的声名便特别著盛了。《齐民要术》中有专述莼羹的作法，那是与鱼和煮的，在菜羹中可称第一云。又宋时苏轼曾用杂菜如蔓菁、芦菔、苦荠为一羹，自称"不用醯酱，而有自然之味"（见他所著《菜羹赋》）。当时也有称为东坡羹或骨董羹的。这是菜羹中比较清雅一些，也为后来文人们所常吟咏的。

中国人对于吃，有的本来是很讲究的，因此历代记载，颇不乏有著名的羹，如魏曹植的七宝羹，用驼蹄所作，一瓯须值千金。唐李德裕则每食一杯羹，费钱至三万，因为羹里都杂宝贝珠玉雄黄朱砂等以煎汁。宋蔡京好吃鹑，一羹须杀数百只之多。明季冒襄大宴天下名士于水绘园，据说一席羊羹，用羊三百只之多，而且还是中席，上席更要多两百只呢！清时河道总督府里，吃一碗鱼羹，也非十数鱼不可。这种都可以说是奢食，也可见有些人们吃羹的讲究了。

此外古时以狗羹为常食，现在则比较稀有了。而广东人的吃猴脑蛇羹，这历史实很悠远的。如晋沈莹《临海水物志》，已云："民皆好啖猴头羹，虽五肉臛不能及之。"又宋朱彧《可谈》云："广南人食蛇，市中鬻蛇羹。"是自古已有此风的。据清薛福成《庸庵笔记》所述，吃猴脑的方法是这样的：

有猴脑者，预选俊猴被以绣衣，凿圆孔于方桌，以猴首入桌中，而挂之以木，使不得出，然后以刀剃其毛，狠剖其皮，猴叫号声甚哀，亟以热汤灌其顶，以铁椎破其头骨。诸客各以银勺入猴首中，探脑嚼之，每客所吸不过一两勺而已。

至于吃蛇羹，一如他处的吃鳝鳗，在他们未必为奇。更有吃蔗虫（甘蔗中的幼虫），蜂蛹（蜂的幼虫）和蝉的，均以油炸，一如他处的吃油炸虾。虽非为羹，均可见粤人吃食的奇特，故附说于此。

为了羹，汉高祖曾经为他大嫂窘过一次，因此他后来称帝，也就把她报复。《汉书·楚元王传》云：

高祖微时，常避事，时时与宾客过其丘嫂食。嫂厌叔与客来，阳为羹尽，轑釜，客以故去，已而视釜中有羹，繇是怨嫂。及立齐代王，而伯子独不得侯，太上皇以为言，高祖曰：『某非敢忘封之也，为其母不长者。』七年十月，封其子信为羹颉侯。

羹颉据颜师古注："颉音戛，言其母戛羹釜也。"还有唐冯贽《云仙杂记》云：

宣城妓史凤，待客有差等，最下者不相见，以闭门羹待之。

闭门羹现在已成为通俗的成语，但当时是作羹待客而不与相见之意，现在则只作拒绝，真是闭门而没有羹了。

一八 珍羞

Delicacies

我们在上面所说，都是普通的食物。这一节里却要说说珍贵一些的肴羞了。

说起珍，古有八珍之说。《周礼·天官·膳夫》“珍用八物”，据注：“珍谓淳熬、淳母、炮豚、炮牂、捣珍、渍、熬、肝膋也。”这其实是烹饪的方法，并非是指菜肴。《礼记·内则》里有详细说明，不是这里所要说的。这里所说，乃后世所谓八珍，据俞安期《唐类函》云：

按：《礼》所谓八珍者，其品则牛、羊、麋、鹿、麕、豕、狗，皆所以养老者也。后世则侈云龙肝、凤髓、豹胎、鲤尾、鹗炙、猩唇、熊掌、酥酪蝉；迤北八珍：醍醐、麆沆、野驼蹄、鹿唇、驼乳麋、天鹅炙、紫云浆、玄玉浆。按：酥酪蝉羊脂为之，玄玉浆即马奶子。

按：此所述，或为唐以前之说。如龙肝凤髓，到现在恐怕是求不到的。其余或为饮品，或为食物，有许多现在还是有的，而且或更珍美。譬如熊掌，清阮葵生《茶馀客话》便有煮熊掌法，而现在也还有人在吃的。法云：

熊掌用石灰沸汤剥净，布缠煮熟，或糟尤佳。曩见陈春晖邦彦故第墙外，砖砌烟筒，高四五尺，上口仅容一碗，不知何用，云是当日制熊掌处。以掌入碗封固，置口上，其下点蜡烛一枝，微火熏一昼夜，汤汁不耗，而掌已化矣。

此外猩唇则今有猴脑，似更较前者为鲜美，已详前羹章中。鹿唇后有鹿尾，清王士祯《香祖笔记》所谓："今京师宴席，最重鹿尾，虽猩唇驼峰，未足为比。"惟鲤尾亦为珍品，则似不明其究竟。或者如今鱼翅之类，固亦称为美馔的。此风似始于粤，粤中酒筵，以有鱼翅称为上席。按：如前述八珍，除饮品外，均可谓之山珍，而一无海错。盖古时交通艰阻，内地殊少海产，故无珍品可列。但自宋明以后，帝都一度南迁，海产遂多列为佳馔。惟古籍所载，实少鱼翅之称，至清袁枚作《随园食单》，有云："古八珍并无海鲜之说，今世俗尚之，不得不吾从众。"其所列首为燕窝，次为海参，三即鱼翅，四为鳆鱼。今海参已视为普通食物，不足为奇。燕窝亦肴馔中的名品。袁氏云："燕窝贵物，原不轻用。如用之，每碗必须二两，用嫩鸡汤好火腿汤新蘑菇三样汤滚之，看燕窝变成玉色为度。……余到粤东，杨明府冬瓜燕窝甚佳。"似此物当亦起于粤地的。袁氏又云：鱼翅"有二法，一用好火腿好鸡汤加鲜笋冰糖钱许煨烂；一纯用鸡汤串细萝卜丝拆碎鳞翅搀和其中。”今鱼翅煮法甚多，已不止此二法了。鳆鱼亦称鲍鱼。按：《汉书·王莽传》已有“啖鳆鱼”之语，是古时已有用之的。袁氏云：“鳆鱼炒薄片甚佳。杨中丞家削片入鸡汤豆腐中，号称鳆鱼豆腐，上加陈糟油浇之。庄太守用大块鳆鱼煨整鸭，亦别有风味。”今则有装罐头的，不杂他味，即作纯吃的也很多。至如刘宋时刘邕以为疮痂也有鳆鱼的滋味，那真是奇性怪癖了。《宋书·刘穆之传》云：

穆之子邕，嗜食疮痂，以为味似鳆鱼。尝诣孟灵休，灵休先患灸疮，疮痂落床上，因取食之。灵休大惊，答曰：『性之所嗜。』灵休疮痂未落者，悉褫取以饴邕。南康国吏二百许人，不问有罪无罪，递互与鞭，鞭疮痂，常以给膳。

此种奇嗜,固不足训,但古来也颇多有奇食而认为无上美味的,如唐段成式《酉阳杂俎》云:

贞元中,有一将军家出飰食,每说物无不堪吃,唯在火候,善均五味。尝取败障泥胡鹿修理食之,其味极佳。

又如清诸联《明斋小识》云:

昔王父至佘山亲串家,夜馔中有物味美,其色白,长可三四寸,阔如指。询何物,坚不对。食毕告曰:『蜈蚣也。欲食者须四五日前烹一鸡,纳蒲包,置山之阴,越宿取归,蜈蚣必满,连包煮熟,出而去其首足与皮,复杀鸡燂汤煮之,非咄嗟便办也。』

是真珍品之中的别开创一格了。因说珍羞,遂亦附说此数奇嗜于此。

一九 素食

Vegetarian Diet

今人每逢忌日斋戒，辄有除荤茹素之举。而年老的妇人，常以茹素为可修她来生，此事固属迷信，不必具论。惟所谓荤者，今人多指鱼肉有腥血的食物，素则指为蔬菜瓜果之类。实则荤字头上从草，既是鱼肉，应作鱼肉旁的，何以造字的人，独未想及？乃查字书如《说文解字》，则“荤，臭菜也”。徐锴注云：“通谓芸薹、椿、韭、蒜、葱、阿魏之属。方术家所禁，谓气不洁也。”又宋罗愿《尔雅翼》云：“西方以大蒜、小蒜、兴渠、慈葱、茖葱为五荤，道家以韭、蒜、芸薹、胡荽、薤为五荤。”是都指辛菜之类而言，不指鱼肉，其字正应从草头的。至荤字何以变为鱼肉，据清赵翼推想，当由獯字而来。他在《陔馀丛考》里说：

《管子·轻重篇》：『黄帝钻燧生火，以熟荤臊。』荤与臊连言，则荤似即臊之类。按：《史记》獯粥字作荤粥。獯粥之号，本以其专食膻骆而名之。而荤獯同音，史迁既已通用，后人遂以辛菜之荤与血肉之獯混而为一，故忌辛兼忌肉耳。

大约古人文字，义相近者往往通用，荤既辛菜，示有秽气，则肉类亦有腥臊，同样可说不洁，所以说辛菜为荤，说鱼肉也为荤了，不必一定再从獯字转变过来罢！

斋戒不吃鱼肉，究竟始于何时，史传无明白记载。《汉书·王莽传》云："每逢水旱，莽辄素食。太后诏曰，今秋幸熟，公宜以时食肉。"赵翼以为："肉与素食对言，汉时已如此。斋戒之忌酒肉，其即起于汉时欤？"的确在汉以前，斋戒是未有明忌酒肉的。如《周礼·天官·膳夫》："王日一举鼎十有二物。王齐日三举，大丧则不举。"据注："杀牲盛馔曰举，以朝食也。"这是说天子早餐，平时一举十二物，斋（齐即斋）时三举为三十六物了，惟遇大丧则不举。举是牲馔，自有肉食在内，可知但斋还是可食肉的，反而照平日加多。按：古时斋戒，原因很多，祭祀也要斋戒此种三举，当属于祭祀，故反加多，若大丧之类，哀痛在心，当然不应这样的了，但是否即变为素食，这里没有明文记载，不得而知。不过《礼记·丧大记》中，有"期终丧不食肉不饮酒"，则居丧确是不用酒肉而作素食的。但在《檀弓》里却又宽限了一些，说："丧有疾，食肉饮酒。"意思是说如在居丧时有疾病，则不妨食肉饮酒以资营养，是茹素只表示一种哀痛，不能无变通办法的。

其次，佛家有不杀生、不偷盗、不邪淫、不妄语、不饮酒食肉五戒，所以也必须素食。然而古来也不乏吃酒肉的和尚，这里也不必一一引举了。至如唐无名氏《玉堂闲话》所载，那未免近于迂谈，他说：

释氏因果，时有报应。近岁有一男子，既贫且贱，于上吻忽生一片赘肉，如展两手许大，下覆其口，形状丑异，殆不可言。其人每饥渴，则揭赘肉以就饮啜，颇甚苦楚。或问其所因，则曰："少年无赖，曾在军伍，常于佛寺案下，同火共封一羊，分得少肉，旁有一佛像，上吻间可置之，不数日婴疾，遂生此赘肉焉。"

按：此肉疣，通常患者颇多，尽可割治，哪里有因果可说呢？不过也足见佛家对素食的重视了。又佛家以正五九为三长月，学佛者不可荤食，唐武德中且下诏禁屠宰，所以白居易《闰九月》诗有："自从九月持斋戒，不醉重阳十五年。"不过此风到了现在，已经是没有了。惟六月则颇多素食，俗称"雷斋"。相传六月二十四日为雷公诞日，雷公不食荤，故民间亦必须茹素。清顾禄《清嘉录》云：

六月二十四日为雷尊诞。自朔日至诞日茹素者，谓之『雷斋』。郡人几十之八九，屠门为之罢市。或有闻雷茹素者，虽当食之顷，一闻虺虺之声，重御素肴，谓之『接雷素』。嗜斋之先，戚若友必馈肴馔以相煖热，谓之封斋。既开斋又如之，谓之开荤。

此虽说的是吴地，其实别处也多如此者。而接雷素之事，更为可笑。其实夏日天热，鱼肉最易腐败，偶一不慎，便有"病从口入"之患，所以不如茹素，较为清洁卫生。初意或者如此，后来恐是道教之徒，设想得这样奇离了。

二〇 烟

Tobacco

煙（“烟”的异体字——编者注）或作烟，本训为火气，后以所吸的烟也有烟火气，所以借作烟名。古亦称为淡巴菰，今又作菸。按：菸《说文》云“殇也”，即枯死之意，至《广韵》始有“臭草”之解，然实非今的烟草，特借其音相同而已。

烟由烟草的叶所制成的。烟草原产于美洲，故今犹以美国弗吉尼亚（Virginia）所出烟叶相号召。其传入我国，则自吕宋（今吕宋岛——编者注），明姚旅《露书》云：

吕宋国有草名淡巴菰，一名曰金丝，醺烟气从管中入喉，能令人醉，亦辟瘴气，捣汁可毒头虱。初漳人自海外携来，莆田亦种之，反多于吕宋。今处处有之，不独闽矣。

煙

明姚旅《露书》云："吕宋国有草名淡巴菰，一名曰金丝……初漳人自海外携来，莆田亦种之，反多于吕宋。今处处有之，不独闽矣。"

至其传入时间，据明张介宾《景岳全书》，谓："自万历时始出于闽广。"其后则由闽广而遍及全国，如清王逋《蚓庵琐语》云：

烟叶出闽中，边上人寒疾，非此不治，关外至以一马易一斤。崇祯中下令禁之，民间私种者问徒。利重法轻，民冒禁如故。寻下令犯者皆斩，然不久因军中病寒不治，遂弛其禁。予儿时尚不识烟为何物。崇祯末三尺童子莫不吃烟矣。

吾日三省吾身

可知崇祯以后，吸烟之风已普遍至于妇孺了。到了清时，此风更盛，王士祯《香祖笔记》所谓："今世公卿士大夫，下逮舆隶妇女，无不嗜烟草者。"然最初所吸，为旱烟与水烟。旱烟有烟管，水烟有烟筒。而且客来必先敬烟，而茶反居其次。清霍灏诗所谓："款客尤先茗，浇书不待醹。"醹乃一种厚酒，盖宋时苏舜钦曾有《汉书》下酒之事，至是读书时也多吸烟了。如纪昀就是吸烟中最有名的，据陈其元《庸闲斋笔记》云：

河间纪文达公酷嗜淡巴菰，顷刻不能离。其烟房最大，人呼为『纪大烟袋』。一日当值，正吸烟，忽闻召见，亟将烟袋插入靴筒中趋入。奏对良久，火炽于袜，痛甚，不觉呜咽流涕。上惊问之，则对曰：『臣靴筒内走水！』盖北人谓失火为走水也。乃急挥之出。比至门外脱靴，则烟焰蓬勃，肌肤焦灼矣。先是公行路甚疾，南昌彭文勤（元瑞）相国戏呼为『神行太保』，比遭此厄，不良于行者累日，相国又嘲之为『李铁拐』云。

崇祯以后，吸烟之风已普遍至于妇孺了。到了清时，此风更盛。王士禛《香祖笔记》所谓："今世公卿士大夫，下逮舆隶妇女，无不嗜烟草者。"

这真为吸烟而闹大笑话了。

此外又有鼻烟，乃用鼻嗅，不用口吸。清赵之谦《勇卢闲诘》云：

> 鼻烟来自大西洋意大里亚国（即意大利——编者注）。明万历九年，利玛窦泛海入广东，旋至京师献方物，始通中国。初西洋人屡以入贡，朝廷颁赐大臣率用此。其品以飞烟为上，鸭头绿次之。旧传有明目去疾之功，故嗜之者颇多，亦谓之士拿。

王士禛亦云：“鼻烟者，云可明目，尤有辟疫之功，以玻璃为瓶贮之。瓶之形象不一，颜色具黄白红紫黑绿诸色。以象齿为匙，就鼻嗅之，还纳于瓶。”但此种鼻烟，现在吸者已寥若晨星，不为人所知道的了。

至于用纸卷的烟，即俗称纸烟或卷烟，那还是近数十年来的事。先由外洋所输入，至光绪二十八年，上海始有英美烟公司，就地制造，以其携带便利，吸者遂众。于是原有的旱烟水烟，遂渐渐地被它淘汰完了。

说到这里，使我想起烟还有一种烟戏，那是把烟吸后仍从口里喷了出来，变成种种形状。如徐珂《清稗类钞》所云：

> 烟戏，以吸旱烟之烟为之也。乾嘉间，吴林塘广文在京，其同年为设五旬寿宴。时有山右客某擅烟戏之术，本售技于燕赵间，特挺身自荐，命其仆以烟筒进。其筒长径尺，而口特宏大，能容四两有余。爇火吸之，且吸且嘘，若不见其烟之出入者。少顷，索苦茗一盏，饮讫，即张口出烟一团，倏化为二鹤，盘旋空际，约数十往返。俄闻喉间有声，惟水云一庭而已。细视云麟中，皆寸许小鹤，渐舞渐大，渐离渐合，又渐聚为二鹤。未几，客手一招，鹤入其口而灭。众复请之，客张口出朵云，中有层楼峭阁，大如指尖，然朱阑碧槛，隐约可见。末复于云山缥缈间，现出海屋添筹四字，稍稍化去。众意犹未惬，尚有后请，订以明日。至明日，则室迩人远矣。或问客为何如人，吴懵然，疑贺友所邀者，殆亦云游中之奇人也。

此诚可谓神乎其技，不但前未之闻，即后来亦少见的。

附录

Appendix

一　茶

茶字自中唐始变作茶。按:《困学纪闻》:“荼有三:谁谓荼苦,苦菜也;有女如荼,茅秀也;以薅荼蓼,陆草也。”今按《尔雅》,荼、蒤字凡五见,而各不同:《释草》曰荼,苦菜;又曰蒉、葤,荼;又曰蒤,虎杖;又曰蒤,委叶;《释木》曰槚,苦荼。唯虎杖之蒤与槚之苦荼,不见于《诗》《礼》,而王褒《僮约》云:“阳武买荼。”张载《登成都白菟楼诗》云:“芳荼冠六清。”孙楚诗云:“姜桂荼荈出巴蜀。”《本草衍义》:“晋温峤上表,贡荼千斤,茗三百斤。”是知自秦人取蜀而后,始有茗饮之事。王褒《僮约》前云“炰鳖烹荼”,后云“阳武买荼”,注以前为苦菜,后为茗。(清顾炎武《日知录》)

古人以谓饮茶始于三国时,谓《吴志·韦曜传》:“孙皓每饮群臣酒,率以七升为限。曜饮不过二升,或为裁减，或赐茶茗以当酒。”据此以为饮茶之证。案：《赵飞燕别传》：“成帝崩后，后一日梦中惊啼甚久，侍者呼问方觉。乃言曰，吾梦中见帝，帝赐吾坐，命进茶。左右奏帝云，向者侍帝不谨不合啜此茶。”然则西汉时已尝有啜之说矣，非始于三国也。（清刘献廷《广阳杂记》）

唐茶惟湖州紫笋入贡，每岁以清明日贡到，先荐宗庙，然后分赐近臣。紫笋生顾渚，在湖常二境之间。当采茶时，两郡守毕至，最为盛集。按：陆羽《茶经》云：“浙西以湖州上，常州次，湖州生长兴县顾渚山中，常州义兴县生君山悬脚岭北峰下。”《唐义兴县重修茶舍记》云：“义兴贡茶非旧也，前此故御史大夫李栖筠实典是邦，山僧有献佳茗者，会客尝之。野人陆羽以为芬香甘辣，冠于他境，可荐于上。栖筠从之，始进万两，此其滥觞也。”厥后因之，征献浸广，遂为任土之贡，与常赋之邦侔矣，故玉川子诗云：“天子须尝阳羡茶，百草不敢开先花。”正谓是也。当时顾渚、义兴皆贡茶，又邻壤相接也。（宋胡仔《苕溪渔隐丛话》）

古人论茶,唯言阳羡、顾渚、天柱、蒙顶之类,都未言建溪。然唐人重串茶粘黑者,则已近乎建饼矣。建茶皆乔木,吴、蜀、淮南唯丛茭而已,品自居下。建茶胜处曰郝源、曾坑,其间又岔根、山顶二品尤胜,李氏时号为北苑,置使领之。(宋沈括《梦溪笔谈》)

有唐茶品,以阳羡为上供,建溪、北苑未著也。贞元中,常兖为建州刺史,始蒸焙而研之,谓研膏茶。其后稍为饼样其中,故谓之一串,陆羽所烹惟是草茗尔。迨至本朝,建溪独盛,采焙制作,前世所未有也。士大夫珍尚鉴别,亦过古先。丁晋公(谓)为福建转运使,始制为凤团,后又为龙团,贡不过四十饼,专拟上供,虽近臣之家,徒闻之而未尝见也。天圣中又为小团,其品迥加于大团,赐两府然止于一斤。熙宁末,神宗有旨建州制密云龙,其品又加于小团矣。然密云之出,则二团少粗,以不能两好也。(宋张舜民《画墁录》)

茶之品,莫贵于龙、凤,谓之团茶,凡八饼重一斤。庆历中,蔡君谟(襄)为福建路转运使,始造小片龙茶以进，其品绝精，谓之小团，凡二十饼重一斤，其价直金二两。然金可有而茶不可得，每因南郊致斋，中书、枢密院各赐一饼，四人分之。宫人往往缕金花于其上，盖其贵重如此。（宋欧阳修《归田录》）

江南之茶，唐人首称阳羡，宋人最重建州，于今贡茶两地独多。阳羡仅有其名，建茶亦非最上，惟有武夷雨前最胜。近日所尚者为长兴之罗岕，疑即古人顾渚紫笋也。介于山中谓之岕，罗氏隐焉，故名罗岕。然岕故有数处，今惟洞山最佳。若歙之松罗，吴之虎丘，钱塘之龙井，香气浓郁，并可与岕雁行。……浙之产又曰天台之雁宕，括苍之大盘，东阳之金华，绍兴之日铸，皆与武夷相为伯仲。……武夷之外，有泉州之清源，倘以好手制之，亦与武夷亚匹。楚之产曰宝庆，滇之产曰五华。此皆表表有名，犹在雁茶之上。其他名山所产，当不止此，余不及论。（明许次纾《茶疏》）

天下之茶，以武夷山顶所生冲开白色者为第一，然入贡尚不能多，况民间乎？其次莫如龙井，清明前者号莲心，太觉味淡，以多用为妙。雨前最好，一旗一枪，绿如碧玉。而我见士大夫生长杭州，一入宦场，便吃熬茶，其苦如药，其色如血，俗矣。除龙井外，余以为可饮者，阳羡茶碧色形如雀舌，又如巨米，味较龙井略浓。洞庭、君山茶味与龙井相同，叶微宽而绿过之。此外如六安、银针、毛尖、梅片、安化，概行黜落。（清袁枚《随园食单》）

二　酒

世言酒之所自者，其说有三：其一曰仪狄始作酒，与禹同时；又曰尧酒千钟，则酒作尧，非禹之世也。其二曰《神农本草经》著酒之性味，《黄帝内经》亦言酒之致病，则非始于仪狄也。其三曰天有酒星，酒之作也，其与天地并矣。予以谓是三者皆不足以考据，而多其赘说也。夫仪狄之名，不见于经，而独出于《世本》。《世本》非信书也。其言曰："仪狄始作酒醪，以变五味；少康始作秫酒。”或者又曰：“非仪狄也，乃杜康也。”魏武帝乐府亦曰：“何以消忧？惟有杜康。”予谓康以善酿酒得名于世乎，是未可知也，谓酒始于康，果非也。尧酒千钟，其言本出于《孔丛子》，盖委巷之说。《本草》虽传自炎帝氏，亦有近世之物，则知不必皆炎帝之书也。《内经》考其文章，知卒成是书者六国秦汉之际也。酒三星丽乎天，虽自混元之判则有之，然事作乎下而应乎上，推其验之于某星，此随世之变而著之也。然则酒果谁始乎？予谓知者作之，天下后世循之而莫能废，安知其始于谁乎？（宋窦苹《酒谱》）

造酒原始，吾国所谓仪狄始造，为禹所绝者，不足信。盖上古之人，造兽皮为容器，盛兽乳于其中，荷于山羊驴马之肩，以游牧逐水草栖息。乃忽焉而兽皮器内酵母自然落下，逞其繁殖，又得日光之热，遂蒸勃而发酵，天然生甘冽之味，成酒分。试尝其味，则甘香适口，遂相率饮之。此有酒之始也。（柴萼《梵天庐丛录》）

酒正掌酒之政令，辨五齐之名，一曰泛齐，二曰醴齐，三曰盎齐，四曰缇齐，五曰沈齐。辨三酒之物，一曰事酒，二曰昔酒，三曰清酒。（郑玄注）泛者，成而滓浮泛泛然，如今宜成醪矣。醴犹体也，成而汁滓相将，如今恬酒矣。盎犹翁也，成而翁翁然，葱白色，如今酇白矣。缇者，成而红赤，如今下酒矣。沈者，成而滓沈，如今造清矣。齐者，每有祭祀以度量节作之也。事酒，酌有事者之酒，其酒则今时醳酒也。昔酒，今之酋久白酒，所谓旧醳者也。清酒，今之中山冬酿接夏而成。（《周礼·天官》）

汉人有饮酒一石不乱。余以制酒法较之，每粗米二斛，酿成酒六斛六斗。今酒之至醨者，每秫一斛，不过成酒一斛五斗。若如汉法，则粗有酒气而已，能饮者饮多不乱，宜无足怪。然汉之一斛，亦是今之二斗七升，人之腹中亦何容置二斗七升水邪？或谓石乃钧石之石，百二十斤，以今秤计之，当三十二斤，亦今之三斗酒也。于定国饮酒数石不乱，疑无此理。（宋沈括《梦溪笔谈》）

上古汙尊而抔饮，未有杯壶制也。《汉书》云："舜祀宗庙用玉斝。”其饮器欤？周《王制》一升曰爵，二升曰觚，三升曰觯，四升曰角，五升曰散，一斗曰壶。别名有醆斝尊杯，不一其号。或曰小玉杯谓之琖，又曰酒微浊曰醆，俗书曰盏尔。由六国以来，多云制卮，形制未详。自晋以来，酒器又多，云鎗，故《南史》有银酒鎗。鎗或作铛，《北史》记孟信与老人饮，以铁铛温酒。然鎗者本温酒器也，今遂通以为蒸饪之具云。（宋窦苹《酒谱》）

三　浆汁

豆腐之法，始于汉淮南王刘安，凡黑豆、黄豆及白豆、泥豆、豌豆、绿豆之类皆可为之。造法水浸硙碎，滤去滓煎成，以滤卤汁。或山矾叶或酸浆醋淀，就釜收之。又有入缸内以石膏末收者。大抵得咸苦酸辛之物，皆可收敛尔。其面上凝结者揭取晾干，名豆腐皮，入馔甚佳也。（明李时珍《本草纲目》）

豆腐古谓之菽乳，相传为淮南王刘安所造，亦莫得其详。又相传朱子不食豆腐，以谓初造豆腐时，用豆若干，水若干，杂料若干，合秤之，共重若干，及造成，往往溢于原秤之数，格其理而不得，故不食。今四海九州，至边外绝域，无不有此。凡远客之不服水土者，服此即安。家常日用至与菽粟等，故虞道园有《豆腐三德赞》之制。（清梁章钜《归田琐记》）

四 乳酪

造酪法，用乳半杓，锅内炒过，入余乳，熬数十沸，常以杓纵横搅之，乃倾出罐盛待冷，掠取浮皮以为酥，入旧酪少许，纸封放之，即成矣。（元和斯辉《饮膳正要》）

作酪时上一重凝者为酥，酥上如油曰醍醐，熬之即出，不可多得，极甘美。（宋寇宗奭《本草衍义》）

王肃字恭懿，忆父非理受祸，常有子胥报楚之意。

卑身素服，不听音乐，时人以此称之。肃初入国，不食羊肉及酪浆等物，常饭鲫鱼羹，渴饮茗汁。京师士子道肃一饮一斗，号为漏卮。经数年以后，肃与高祖殿会，食羊肉酪粥甚多。高祖怪之，谓肃曰："即中国之味也，羊肉何如？鱼羹何如？茗饮酪浆何如？"肃对曰："羊者是陆产之最，鱼者乃水族之长。所好不同，并各称珍。以味言之，甚有优劣。羊比齐鲁大邦，鱼比邾莒小国，唯茗不中，与酪作奴。"高祖大笑。彭城王勰谓肃曰："卿明日顾我，为卿设邾莒之食，亦有酪奴。"因此复号茗饮为酪奴。（后魏杨衒之《洛阳伽蓝记》）

五 饭

今江浙间有稻粒稍细，耐水旱而成实早，作饭差硬，土人谓之占城稻，云始是占城国有此种。昔真宗闻其耐旱，遣以珍宝求其种，始植于后苑，后在处播之。

按:《国朝会要》:“大中祥符五年,遣使福建取占城禾,分给江淮两浙漕,并出种法,令择民田之高者分给种之。”则在前矣。(宋罗愿《尔雅翼》)

青精饭者,以此重谷也。按:《本草》南烛木,今名黑饭草,即青精也。采枝叶捣汁,浸米蒸饭,曝干坚而碧也,久服益颜延年。仙方又有青精石饭,世未知石为何也。按:《本草》用赤石脂三斤,青粱米一斗,水浸越三日,捣为丸如李大,日服三丸可不饥,是知石即石脂也。(宋林洪《山家清供》)

王者平旦食、昼食、晡食、暮食,凡四饭。诸侯三饭,大夫再饭。(汉班固《白虎通义》)

六 粥

古方有用药物粳粟粱米作粥治病甚多,今略取其可常食者集于下方,以备参考云。赤小豆粥利小便、消水肿脚气、辟邪疠，绿豆粥解热毒止烦渴，御米粥治反胃利大肠，薏苡仁粥除湿热利肠胃，莲子粉粥健脾胃止泄痢，芡实粉粥固精气明耳目，菱实粉粥益肠胃解内热，栗子粥补肾气益腰脚，薯蓣粥补肾精固肠胃，芋粥宽肠胃令人不饥，百合粥润肺调中，萝卜粥消食利膈，胡萝卜粥宽中下气，马齿苋粥治痹消肿，油菜粥调中下气，莙荙菜粥健胃益脾，菠薐菜粥和中润燥，荠菜粥明目利肝，芹菜粥去伏热利大小肠，芥菜粥豁痰辟恶，葵菜粥润燥宽肠，韭菜粥温肾暖下，葱豉粥发汗解饥，茯苓粉粥清上实下，松子仁粥润心肺调大肠，酸枣仁粥治烦热益胆气，枸杞子粥补精血益肾气，薤白粥治老人冷痢，生姜粥温中辟恶，花椒粥辟瘴御寒，茴香粥和胃治疝，胡椒粥、茱萸粥、辣米粥并治心腹疼痛，麻子粥、胡麻粥、郁李仁粥并润肠治痹，苏子粥下气利膈，竹叶汤粥止渴清心，猪肾粥、羊肾粥、鹿肾粥并补肾虚诸疾，羊肝粥、鸡肝粥并补肝虚明目，羊汁粥、鸡汁粥并治劳损，鸭汁粥、鲤鱼汁粥

并消水肿，牛乳粥补虚羸，酥蜜粥养心肺。（明李时珍《本草纲目》）

十二月八日为腊八，居民以菜果入米煮粥谓之腊八粥，或有馈自僧尼者，名曰佛粥。案：《荆楚岁时记》："十二月初八日为腊日。"《魏台访议》："汉以戌腊，魏以丑腊。"是腊非定以初八日也。又《西域诸国志》云："天竺国以十二月十六日为腊。"而《唐书·历志》以十二月为腊月，故八日为腊八。吴自牧《梦粱录》云："十二月八日，寺院谓之腊八，大刹等寺俱设五味粥，名曰腊八粥。"又孟元老《东京梦华录》："十二月初八日，诸僧寺送七宝五味粥于门徒斗饮，谓之腊八粥。"一名"佛粥"。周密《武林旧事》云："寺院及人家，皆有腊八粥用，胡桃、松子、乳蕈、柿栗之类为之。"又吴曼云《江乡节物词》小序云："杭俗，腊八粥，一名七宝粥，本僧家斋供，今则居室者亦为之矣。"（清顾禄《清嘉录》）

七 饼面

毕罗者,蕃中毕氏、罗氏好食此味。今字从食,非也。馄饨,以其象浑沌之形,不能直书浑沌而食,避之从食可矣。至如不托,言旧未有刀机之时,皆掌托烹之,刀机既有,乃云不托。今俗字有馎饦,乖之且甚。此类颇多,推理证辨可也。(唐李匡义《资暇集》)

世言馄饨是虏中浑氏、屯氏为之。按:《方言》饼谓之馄,或谓之伥馄,则其由来久矣,非出浑氏、屯氏也。(宋程大昌《演繁露》)

汤饼唐人谓之不托,今俗谓之馎饦。(宋欧阳修《归田录》)

东坡诗云:“剩欲去为汤饼客,却愁错写弄獐书。”弄獐乃李林甫事。汤饼人皆以明皇王后故事,非也。刘禹锡《赠进士张盥》诗云:“忆尔悬弧日,余为座上

宾。举箸食汤饼,祝辞天麒麟。”东坡正用此诗,故谓之汤饼客也。必食汤饼者,则世俗所谓长命面也。(宋马永卿《懒真子》)

煮面谓之汤饼,其来旧矣。案:《后汉书·梁冀传》云:“进鸩加煮饼。”《世说新语》载:“何平叔美姿容,面至白。魏文帝疑其傅粉,夏月令食汤饼,汗出以巾拭之,转皎白也。”又案:吴均称饼德曰:“汤饼为最。”又《荆楚岁时记》云:“六月伏日并作汤饼,名为辟恶。”又齐高帝好食水引面。又《唐书·王皇后传》云:“独不念阿忠脱紫半臂,易斗面为生日汤饼邪?”《倦游杂录》乃谓“今人呼煮面为汤饼”误矣,《懒真子录》谓“世之所谓长命面,即汤饼也”恐亦未当。余谓凡以面为食具者,皆谓之饼,故火烧而食者呼为烧饼,水瀹而食者呼为汤饼,笼蒸而食者呼为蒸饼,而馒头谓之笼饼,宜矣。然张公所论市井有鬻胡饼者,不晓名之所谓,乃易其名为炉饼则又误矣。案:《晋书》云:“王长文在市中啮胡饼。”又《肃宗实录》云:“杨国忠自入市,衣袖中盛胡饼。”安可易胡为炉也？盖胡饼者，以北人所常食而得名也，故京都人转音，呼胡饼为胡饼，呼骨切，胡桃为胡桃，亦呼骨切，皆此义也。又《玉篇》从食从固为餬字，户乌切，注云饼也，谓之餬饼疑或出此。余故并论，使览者得详矣。（宋黄朝英《靖康缃素杂记》）

晋桓玄喜陈书画，客有食寒具不濯手而执画籍者，偶污之，后不设寒具。此必用油煎者。《齐民要术》并《食经》皆只曰环饼，世疑馓子也，巧夕酥蜜食也，杜甫《十月一日》，乃有"粔籹作人情"之句，《广记》则载寒食事，总三者俱可疑。乃考朱氏注《楚辞》："粔籹蜜饵，有张惶些。"谓以米面煎熬之，寒具是也。以是知《楚辞》一句自是三品：粔籹乃蜜面之干也，十月开炉饼也；蜜饵乃蜜面少润者，乃蜜食也；张惶乃寒具，无可疑者。闽人会姻名煎铺以糯粉和面油煎，沃以糖食之，不濯手则能污物，且可留月余，宜禁烟用也。（宋林洪《山家清供》）

八　糕团

糕以黍糯合粳米粉蒸成，状如凝膏也。单糯粉作者曰粢，米粉合豆末、糖、蜜蒸成者曰饵。《释名》云："粢，软也。饵，而也，相粘而也。"扬雄《方言》云："饵谓之糕，或谓之粢，或谓之肣（音令），或谓之餣（音浥）。"然亦微有分别，不可不知之也。（明李时珍《本草纲目》）

藕粉法，取粗藕不限多少，洗净截断，浸三日夜，每日换水，看灼然洁净，漉出捣如泥浆，以布绞净汁。又将藕渣捣细，又绞汁尽滤出恶物，以清水少和搅之，然后澄去清水，下即好粉。鸡头粉取新者晒干去壳，捣之成粉。栗子粉取山栗切片晒干，磨成细粉。菱角粉去皮，如治藕法取粉。姜粉以生姜研烂绞汁澄粉，用以和羹。葛粉去皮，如上法取粉开胃止烦渴。茯苓粉取苓切片，以水浸去赤汁，又换水浸一日，如上法取粉，拌米煮粥，补益最佳。松柏粉取叶在带露时采之，经隔一宿，则无粉矣。取嫩叶捣汁澄粉，如嫩草郁葱可爱。百合粉取新者捣汁，如上法取粉，干者可磨作粉。山药粉取新者如上法，干者可磨作粉。蕨粉作饼食之甚妙，有治成货者。莲子粉干者可磨作粉。芋粉取白芋如前法作粉，紫者不用。蒺藜粉臼中捣去刺皮，如上法取粉，轻身去风。括蒌粉去皮，如上法取粉。已上如粉，不惟取笼为造，凡煮粥俱可配煮。凡和面用黑豆汁和之再无面毒之害。（明高濂《遵生八笺》）

九 油

凡取油，榨法而外，有两镬煮取法，以治蓖麻与苏麻。北京有磨法，朝鲜有舂法，以治胡麻。其余则皆从榨出也。凡榨木巨者，围必合抱，而中空之。其木樟为上，檀与杞次之。中土江北少合抱木者，则取四根合并为之。凡开榨空中。其量随木大小，大者受一石有余，小者受五斗不足。榨具已整理，则取诸麻菜子入釜，文火慢炒，透出香气，然后碾碎受蒸。凡炒诸麻菜子，宜铸平底锅深止六寸者，投子仁于内，翻拌最勤。若釜底太深，翻拌疏慢，则火候交伤，减丧油质。凡碾埋槽土内，其上以木杆衔铁陀，两人对举而椎之。资本广者则砌石为牛碾，一牛之力可敌十人。亦有不受碾而受磨者，则棉子之类是也。既碾而筛，择粗者再碾，细者则入釜甑受蒸。蒸气腾足，取出以稻秸与麦秸包裹如饼形。包裹既定，装入榨中，随其量满挥撞挤轧，而流泉出焉。包内油出滓存，名曰枯饼。凡胡麻、莱菔、芸薹诸饼，皆重新碾碎，筛去秸芒，再蒸再裹而再榨之。初次得油二分，二次得油一分。若柏、桐诸物，则一榨已尽流出，不必再也。若水煮法，则并用两釜，将蓖麻、苏麻子碾碎入一釜中，注水滚煎，其上浮沫即油，以杓掠取，倾于干釜内，其下慢火熬干水气，油即成矣。然得油之数，毕竟减杀。北磨麻油法，以粗麻布袋捩绞之。（明宋应

星《天工开物》)

鄜延境内有石油。旧说高奴县出脂水，即此也。生于水际沙石，与泉水相杂，惘惘而出。土人以雉尾裛之，乃采入缶中，颇似淳漆。燃之如麻，但烟甚浓，所霑幄幕皆黑。(宋沈括《梦溪笔谈》)

周显德五年，其国王因德漫遣使者莆诃散来，贡猛火油八十四瓶，蔷薇水十五瓶。其表以贝多叶书之，以香木为函。猛火油以洒物得水则出火。(《新五代史·占城国传》)

一〇 盐

凡海水自具咸质。海滨地高者名潮墩，下者名草荡，地皆产盐。同一海卤，传神而取法则异。一法，高堰地潮波不没者，地可种盐。种户各有区画经界，不相侵越。度诘朝无雨，则今日广布稻麦藁灰及芦茅灰寸许于地上，压使平匀。明晨露气冲腾，则其下盐茅勃发。日中晴霁，灰盐一并扫起淋煎。一法，潮波浅被地，不用灰压，候潮一过，明日天晴，半日晒出盐霜，疾趋扫起煎炼。一法，逼海潮深地，先掘深地，先掘深坑，横架竹木，上铺席苇，又铺沙于苇席之上，俟潮灭顶冲过，卤气由沙渗下坑中，撤去沙苇，以灯烛之，卤气冲灯即灭，取卤水煎炼。总之，功在晴霁，若淫雨连旬，则谓之盐荒。又淮场地面，有日晒自然生霜如马牙者，谓之大晒盐，不由煎炼，扫起即食。海水顺风漂来断草，勾取煎炼，名蓬盐。凡淋煎法，掘坑二个，一浅一深，浅者尺许，以竹木架芦席于上，将扫来盐料铺于席上，四围隆起，作一堤垱形，中以海水灌淋，渗下浅坑中。深者深七八尺，受浅坑所淋之汁，然后入锅煎炼。凡煎盐锅古谓之牢盆。其盆周阔数丈，径亦丈许。其下列灶燃薪，多者十二三眼，少者七八眼共煎。凡煎卤未即凝结，将皂角椎碎和粟米糠二味，卤沸之时，投入其中搅和，盐即顷刻结成。盖皂角结

盐，犹石膏之结腐也。（明宋应星《天工开物》）

凡池盐，宇内有二，一出宁夏，供食边境；一出山西解池，供晋豫诸郡县。解池界安邑、猗氏、临晋之间，其池外有城堞，周遭禁御。池水深聚处，其色绿沉。土人种盐者，池傍耕地为畦垄，引清水入所耕畦中，忌浊水参入，即淤淀盐脉。凡引水种盐，春间即为之，久则水成赤色。待夏秋之交，南风大起，则一宵结成，名曰颗盐，即古志所谓大盐也。以海水煎者细碎，而此成粒颗，故得大名。其盐凝结之后，扫起即成食味。（同前）

凡滇蜀两省，远离海滨，舟车艰通，形势高上，其盐脉即韫藏地中。凡蜀中石山去河不远者，多可造井取盐。盐井周圆不过数寸，其上口一小盂覆之有余，深必十丈以外，乃得卤信，故造井功费甚难。井及泉后，择美竹长丈者，凿净其中节，留底不去其喉，下安消息，吸水入筒，用长絙系竹沉下，其中水满，井上悬桔槔、辘轳诸具，制盘驾牛，牛拽盘转，辘轳绞絙，汲水而上，入于釜中煎炼，顷刻结盐，色成至白。（同前）

一一　酱

面酱有大麦小麦甜酱麸酱之属，豆酱有大豆小豆豌豆及豆油之属。豆油法用大豆三斗，水煮糜，以面二十四斤拌罨成黄，每十斤入盐八斤，井水四十斤，搅晒成油收取之。大豆酱法用豆炒磨成粉，一斗入面三斗，和匀切片，罨黄晒之，每十斤入盐五斤，井水淹过，晒成收之。小豆酱法用豆磨净，和面罨黄，次年再磨，每十斤入盐五斤，以腊水淹过，晒成收之。豌豆酱法，用豆水浸蒸软，晒干去皮，每一斗入小麦一斗磨面，和切蒸过，罨黄晒干，每十斤入盐五斤，水二十斤，晒成收之。麸酱法用小麦麸蒸熟罨黄，晒干磨碎，每十斤入盐三斤，熟汤二十斤，晒成收之。甜面酱用小麦面和剂切片蒸熟，罨黄晒簸，每十斤入盐三斤，熟水二十斤晒成收之。小麦面酱用生面水和布包踏饼，罨黄晒松，每十斤入盐五斤，水二十斤晒成收之。大麦酱用黑豆一斗炒熟，水浸半日同煮烂，以大麦面二十斤拌匀筛下面，用煮豆汁和剂，切片蒸熟，罨黄晒捣，每一斗入盐二斤，井水八斤，晒成黑甜而汁清。又有麻滓酱，用麻枯饼捣蒸，以面和匀，罨黄如常，用盐水晒成，色味甘美也。（明李时珍《本草纲目》）

臡亦醢也。作醢及臡者，必先膊干其肉，乃后蒸之，杂以粱曲及盐，渍以美酒，涂置瓶中，百日则成矣。（汉郑玄《周礼注》）

一二　醋

酢，醶也。徐铉曰："今人以此为酬酢字，反以醋为酢字，时俗相承之变也。"醋，客酌主人也。徐铉曰："今俗作仓故切，溷酢非是。"（汉许慎《说文解字》）

醋酒为用，无所不入，愈久愈良，亦谓之醯；以有苦

味，俗呼苦酒；丹家又加余物，谓为华池左味。（梁陶弘景《本草经集注》）

米醋三伏时用仓米一斗淘净，蒸饭摊冷，罨黄晒簸，水淋净。别以仓米二斗蒸饭，和匀入瓮，以水淹过，密封暖处三七日成矣。糯米醋秋社日用糯米一斗淘蒸，用六月六日造成小麦大曲和匀，用水二斗入瓮，封酿三七日成矣。粟米醋用陈粟米一斗淘浸七日，再蒸淘熟入瓮密封，日夕搅之，七日成矣。小麦醋用小麦水浸三日，蒸熟罨黄入瓮，水淹七七日成矣。大麦醋用大麦米一斗，水浸蒸饭，罨黄晒干，水淋过，再以麦饭二斗和匀入水，封闭三七日成矣。饧醋用饧一斤，水三升煎化，入白曲末二两，瓶封晒成。其余糟糠等醋，不能尽纪也。（明李时珍《本草纲目》）

一三　豉

豉，诸大豆皆可为之，有淡豉咸豉。造淡豉法，用黑大豆二三斗，六月内淘净，水浸一宿，沥干蒸熟，取出摊席上，候微温蒿覆。每三日一看，候黄衣上遍，不可太过，取晒簸净，以水拌干湿得所，以汁出指间为准，安瓮中筑实，桑叶盖厚三寸，密封泥，于日中晒七日，取出曝一时，又以水拌入瓮，如此七次，再蒸过摊去火气，瓮收筑封，即成矣。造咸豉法，用大豆一斗，水浸三日，淘蒸摊罯，候上黄取出，簸净水淘漉干，每四斤入盐一斤，姜丝半斤，椒橘苏茴杏仁拌匀入瓮，上面水浸过一寸，以叶盖封口，晒一月乃成也。造豉汁法，十月至正月，用好豉三斗，清麻油熬令烟断，以一升拌豉，蒸过摊冷，晒干拌再蒸，凡三遍，以白盐一斗捣和，以汤淋汁三四斗，入净釜，下椒姜葱橘丝同煎，三分减一，贮于不津器中，香美绝胜也。（明李时珍《本草纲目》）

晋陆机诣王武子，武子前有羊酪指示，陆曰："卿吴中何以敌此？"陆曰："千里莼羹，末下（一作末下）盐豉。"所载此而已。及观《世说》又曰："千里莼羹，但未下盐豉耳。"或以谓千里末下皆地名，是未尝读《世说》

而妄为之说也。或以谓莼羹不必盐豉，乃得其真味，故云“未下盐豉”，是又不然。盖洛中去吴有千里之远，吴中莼羹，自可敌羊酪，但以其地远未可猝致耳，故云“但未下盐豉耳”，意谓莼羹得盐豉尤美也，此言近之矣。今询之吴人，信然。今详陆答语，“千里莼羹，未下盐豉”，盖举二地所产之物以敌羊酪，今以地有千里之远，但未下盐豉，何支离也？（宋黄朝英《靖康缃素杂记》）

一四　糖

凡甘蔗有二种，产繁闽广间，他方合并，得其十一而已。似竹而大者为果蔗，截断生啖，取汁适口，不可以造糖。似荻而小者为糖蔗，口啖即棘伤唇舌，人不敢食，白霜红砂皆从此出。凡闽广南方，经冬老蔗，用车笮汁入缸，看水花为火色，其花煎至细嫩，如煮羹沸，以手捻试，粘手则信来矣。此时尚黄黑色，将桶盛贮，凝成黑沙，然后以瓦溜置缸上。其溜上宽下尖，底有一小孔，将草塞住。倾桶中黑沙于内，待黑沙结定，然后去孔中塞草，用黄泥水淋下，其中黑滓入缸内，溜内尽成白霜，最上一层厚五寸许，洁白异常，名曰西洋糖（西洋糖绝白美，故名），下者稍黄褐，造冰糖者将洋糖煎化，且青澄去浮滓，候视火色，将新青竹破成篾片，寸斩撒入其中，经过一宵，即成天然冰块，凡白糖有五品，石山为上，团枝次之，瓮鉴次之，小颗又次，沙脚为下。沙糖以紫色及如水晶色者为上，深琥珀色次之，浅黄又次之，浅白为下。（明宋应星《天工开物》）

凡饴饧，稻麦黍粟皆可为之。《洪范》云“稼穑作甘”，及此乃穷其理。其法用稻麦之类，浸湿生芽暴干，然后煎炼调化而成。色以白者为上，赤色者名曰胶饴，一时宫中尚之，含于口内即溶化，形如琥珀。南方造饼饵者，谓饴饧为小糖，盖对蔗浆而得名也。（同前）

一五　蜜

食蜜亦有两种，一在山林木上作房，一在人家作窠槛收养之，蜜皆浓厚味美。近世宣州有黄连蜜，色黄味小苦，主目热。雍洛间有梨花蜜，白如凝脂。亳州太清宫有桧花蜜，色小赤。柘城县有何首乌蜜，色更赤。并蜂采其花作之，各随花性之温凉也。（宋苏颂《本草图经》）

刺蜜或名草蜜。按：李延寿《北史》云："高昌有草名羊刺，其上生蜜，味甚甘美。"又《梁四公子记》云："高昌贡刺蜜。杰公云南平城羊刺无叶，其蜜色白而味甘。盐城羊刺叶大，其蜜色青而味薄也。"高昌即交河，在西番，今为火州。又段成式《酉阳杂俎》云："北天竺国有蜜草，蔓生大叶，秋冬不死，因受霜露，遂成蜜也。"又《明一统志》云："西番撒马儿罕地有小草丛生，叶细如蓝，秋露凝其上，味甘如蜜，可熬为饧，土人呼为达即古宾，盖甘露也。”按：此二说，皆草蜜也，但不知其草即羊刺否也?（明李时珍《本草纲目》）

一六 肉

苞肉法，十二月中杀猪，经宿汁尽浥，浥时割作棒炙形，茅菅中苞之，无茅菅稻秆亦得，用厚泥封，勿令裂，裂复上泥，悬著屋外北阴中，得至七八月如新杀肉。（后魏贾思勰《齐民要术》）

五味脯法，正月二月九月十月为佳，用牛羊獐鹿野猪家猪肉，或作条或作片罢。各自别槌牛羊骨令碎，熟煮取汁，掠去浮沫，停之使清。取香美豉，用骨汁煮豉，色足味调，漉去滓，待冷下盐，细切葱白，捣令熟，椒姜橘皮皆末之，以浸脯手揉令彻片脯三宿则出，条脯须尝看味彻乃出，皆细绳穿于屋北檐下阴干。条脯浥浥时，数以手搦令

坚实。脯成，置虚静库中，纸袋笼而悬之。（同前）

腊肉，肥嫩豮猪肉十斤，切作二十段，盐八两，酒二斤调匀，猛力搙入肉中，令如绵软，大石压去水，晾十分干，以剩下所腌酒调糟涂肉上，以篾穿挂通风处。又法，肉十斤，先以盐二十两煎汤，澄清取汁，置肉汁中，二十日取出，挂通风处。（明高濂《遵生八笺》）

一七 羹

芼羹之菜，莼为第一。四月莼生茎而未叶，名作雉尾莼，第一肥美。叶舒长足，名曰丝莼，五月六月用丝莼。入七月尽九月十月内，不中食莼，有蜗虫著故也。十月水冻虫死，莼还可食。从十月尽至三月，皆食环莼。凡丝莼须别铛中热汤暂炸之，然后用，不炸则苦涩。丝莼环莼悉长用，不切。鱼莼等并冷水下，大率羹一斗，用水一升，多则加之，益羹清隽。甜羹下菜豉盐悉不得

搅，搅则鱼莼碎，令羹浊而不能好。（后魏贾思勰《齐民要术》）

一八　珍羞

“淳熬”煎醢加于陆稻上，沃之以膏，曰淳熬。“淳毋”煎醢加于黍食上，沃之以膏，曰淳毋（读为模，象也，象淳熬而为之）。“炮”取豚若将，刲之刳之，实枣于其腹中，编萑以苴（裹也）之，涂之以谨（读为墐，黏土也）涂，炮之，涂皆干，擘之，濯手以摩之，去其皽（膜也）为稻粉，糔溲之以为酏（粥也），以付豚，煎诸膏，膏必灭之。巨镬汤，以小鼎，芗脯于其中，使其汤毋灭鼎，三月三日夜毋绝火，而后调之以醯醢。“捣珍”取牛羊麋鹿麕之肉，必胨（夹脊肉也），每物与牛若一，捶反侧之，去其饵（筋也），孰出之，去其皽，柔其肉。“渍”取牛肉必新杀者，薄切之，必绝其理，湛诸美酒，期朝而食之，以醢若醓醢（梅浆也）。为“熬”捶之去其皽，编萑，布牛肉焉，屑桂与姜，以洒诸上而盐之，干而食之。施羊亦如之。施麋、施鹿、施麕皆如牛羊。欲濡肉，则释而煎之以醢。欲干肉，则捶而食之。糁，取牛羊豕之肉，三如一，小切之，与稻米，稻米二肉一，合以为饵煎之。“肝膋”取狗肝一，幪之以其膋，濡炙之，举燋其膋，不蓼，取稻米，举糔溲之，小切狼臅（胸臆也）膏，以与稻米为酏。（《礼记·内则》）

一九　素食

予见名卿大夫，按：日素食，云奉某斋，公言于众。又愚民匹妇，有戒食禽鱼，不畜牛犬；或家不杀生，而特杀于他人之门外，归而熟以果腹者；或因戒一牛羊，而日杀鸡鱼无算，岂非贪残之尤乎？裴晋公云：“猪鸡鱼蒜，遇着便吃。”昌黎云：“豚鱼鸡古以养老，反曰是皆杀生，人不可食，一筵之馔，禁忌十常不食二三不信常道而务鬼怪，临死乃悔。”柳州云：“某氏爱鼠，不畜猫犬，后人撒瓦灌穴，杀鼠如邱。”是唐人已有此恶风矣。余常见某学士不食某某等肉，其友规之，曰：“是先人之命。”又一郎中不食四足之物，言奉父命。是不能干蛊，而反彰前人之过矣。古者宗庙特牛以祭神，七十二膳八十常珍，以养父母。大夫不掩群，士不取麛卵，庶人不数罟，诸侯无故不杀牛，大夫无故不杀羊，士无故不杀犬豕，庶人无故不食珍，斯天下无妄矣。查夏车不食羊肉，后食而知其美，有相遇恨晚之意。《周礼》：“王食一举，王斋日三举。”凡杀牲盛馔谓之举，周制王日食一太牢，遇朔加食一等，散斋必变食，故加至三太牢，是斋日食肉，反有加矣。《论语》斋必变食，以下至不多食，邢疏云：“此上皆蒙斋文。”孔子“惟酒无量”，则酒亦不禁矣。“不饮酒不茹荤”出《庄子》，本不足据。今斋戒皆在公署，乃本圣人迁坐之义，胜于唐人之宿寺庙也。五荤皆昏神戒之宜也，不必因斋戒始忌食。《楞严经》云：“五荤熟食，发淫生痰生啖增恚。”故释氏戒之。按：释氏以大蒜、小蒜、兴渠、慈葱、茖葱为五荤，兴渠即荽。道家以韭、薤、蒜、荽、芸薹即油菜为五荤。（清阮葵生《茶馀客话》）

二〇 烟

烟草名淡巴菰，《景岳全书》谓自万历时始出于闽广，故明以前无味之者。读翟灏《无不宜斋稿》，有五言排律一篇，组织工细，布置妥贴，录之于下云：耕地栽瑶草，能令四德俱。占肥同黍麦，望影接茭蒲。载采香何烈？云黄叶已枯。缚箱通远贾，悬旆售交衢。栉削堆初积，丝分缕不粗。轻柔搓柳线，琐碎落金麸。兰屑纷搀和，苏膏暗洽濡。慕膻情自切，嗜炙性无殊。费薄钱挑杖，馋深唾益盂。细筒裁竹箭，夹袋制罗襦。佩或随鸣玦，携常倩小奴。镞金抽菌簬，律管实葭莩。

藉艾频敲石，围灰尚拨炉。乍疑伶秉籥，复效雁衔芦。
墨饮三升尽，烟腾一缕孤。似矛惊焰发，如笔见花敷。
苦口成忠介，焚心异郁纡。秽兼岑草乱，醉拟碧筒呼。
吻燥宁嫌渴，唇津渐得腴。清禅参鼻观，沆瀣润咙胡。
幻讶吞刀并，寒能举口驱。餐霞方孰秘？厌火国非诬。
绕髩雾徐结，荡胸云叠铺。积青凝斗室，横碧漾纱橱。
七灼心除疢，三熏胃涤污。含来思邈邈，策去步于于。
款客尤先茗，浇书不待醽。涩回尝橄榄，疫辟浸茱萸。
洱海薯粮绌，番禺蒟酱输。作骚多剩馥，采药早遗珠。
郭璞笺仍缺，嵇含状莫摹。滇南功独奏，闽右路群趋。
种未周三甲，风光布八区。相思名旖旎，呵应语模糊。
损益人凭说，辛芳尔不渝。诗肠感熏染，吟谢淡巴菰。
（清王端履《重论文斋笔录》）

饮料食品

图书在版编目（CIP）数据

饮料食品：小精装校订本 / 杨荫深编著. —上海：上海辞书出版社，2020
（事物掌故丛谈）
ISBN 978-7-5326-5600-4

Ⅰ.①饮… Ⅱ.①杨… Ⅲ.①饮食－文化－中国 Ⅳ.①TS971.2

中国版本图书馆CIP数据核字（2020）第099954号

事物掌故丛谈
饮料食品（小精装校订本）
杨荫深　编著

题　　签　邓　明　篆　　刻　潘方尔
绘　　画　赵澄襄　英　　译　秦　悦

策划统筹　朱志凌　责任编辑　朱志凌　特约编辑　徐　盼
整体设计　赵　瑾　版式设计　姜　明　技术编辑　楼微雯

出版发行　上海世纪出版集团
　　　　　上海辞书出版社（www.cishu.com.cn）
地　　址　上海市陕西北路457号（邮编　200040）
印　　刷　上海雅昌艺术印刷有限公司
开　　本　889×1194毫米　1/32
印　　张　6
插　　页　4
字　　数　80 000
版　　次　2020年8月第1版　2020年8月第1次印刷
书　　号　ISBN 978-7-5326-5600-4/T・194
定　　价　49.80元